植

Botany

物

Charles Kovacs

查爾斯・科瓦奇 ———— 著

在古典浪漫的人文中，重新認識植物的優美

目 錄

飽含宇宙真理的美

李 慧 芳

　　回想起這本書中文版的緣起，竟始於一個很短但很美的讀書會。2009那年暑假，新竹教育大學開了一門為期兩週的華德福教育訓練師資課程（橫跨一到八年級），當時我為了協助華德福中小學教師的進修而全程參與。

　　在專題研究分組中，我因深愛華德福的植物課程，而選擇了植物學組。同組的夥伴是來自各方的好漢：有華德福學校現職教師、宜蘭慈心華德福師訓時的老同學、新竹教育學系研究生、植物學或園藝系畢業生、也有提前退休協助華德福教育發展的電腦工程師，更有華德福家長等。

　　但大家對華德福在五年級課程中要進行的植物學內容非常陌生，於是我建議共讀一本由英國華德福教師查爾斯・科瓦奇所著的《Botany》這本書。大家於是分譯各章，然後在每天下午的專題時間分享所讀。

　　就這樣，那兩週我們共度了每天下午驚艷的時光。每當夥伴們分享時，不時可以聽到大家驚嘆的聲音，看見大家感動的眼神。驚嘆的是那植物科學中的奧秘，竟被展現得如此迷人；感動的是華德福教育，如何在學生發自內在的邏輯思考萌芽之時，用一種如詩如畫的美滋養他們！更重要的是，這種美不是天馬行空、任意想像、經不起考

驗的美,而是在深刻觀察大自然後所精淬出飽含宇宙真理的美。我們真不得不羨慕在華德福教育中長大的孩子們。

經過這美妙的兩週之後,原本仍在觀望的家長或教師們,被感動得決定投入華德福現場工作,開始人生那充滿困難與內在收穫的階段。

如今看到這本書,由當時在讀書會裡與幾個台灣人一見鍾情開始,一路經過許多人在不同階段付出「愛」的努力,到今日終於要以中文版誕生,真是高興!但願更多人能像我們一樣,與這充滿宇宙奧秘的美相遇,以致戀愛而投入那具真實意義的教育現場。

（本文作者為海聲華德福教育學會文化藝術
總監、朝陽科技大學視傳系助理教授）

以歌德取向來研究植物

朱
思
穎

　　在華德福教育裡，《植物》(bontany)這本優美的小書主要應用於五年級課程。由華德福老師查爾斯・科瓦奇所編寫的《植物》一書，涵蓋了植物的各方面知識並能符合課程教學內容之要求。查爾斯・科瓦奇以歌德取向 (Goethean approach)來研究植物，並在研讀的過程中深受人與自然事物之間的交流而感動。此外，每一章節對植物循序漸進的介紹，也能驗證教學實務現場與課程的理論能有一致的安排。我很贊同書裡所提到的：「對五年級學生而言，若能透過觀察與學習了解植物與大自然的關係，將可幫助他們更認識自己和這個世界。」

　　本書的開頭讓我們知道植物是如何與地球、太陽和昆蟲作連結，透過這樣的引導更能引起孩童的興趣去認識植物的特質，例如:真菌、藻類、蕨類、地衣、苔蘚……等。而進一步的透過比喻讓孩子從中學習去體會從小嬰兒到童年，甚至是整體生命發展演變的過程。作者不僅用獨特的觀點去了解一草一木，更以一種全新的方式讓對華德福理論不熟悉的朋友，可以透過每一章節的簡短故事來引導我們去體驗植物的生命，讓我們能從生活四處可見的植物中，去探究植物與人之間密不可分的關係。

　　對於華德福老師以及在家教育的家長而言 ，本書可幫助喚起孩子對美感的意識以及引導孩子探索植物本質的變化。書中的章節很有順

序的從非開花植物到開花植物，以及最後對草和樹木的研究，沒有硬梆梆的理論，卻很實際讓孩子進一步了解一系列的植物，學習認識人與自然、人與自己。這本書也讓我以全新的觀點認識華德福教育的美與真，以及如何透過學習植物，進而培養孩子對自己與自然的敏銳度及思考能力，因此，我極力推薦此書給所有現職老師以及家長。

（本文作者為國立台東大學幼兒教育學系助理教授）

大自然的美感教育

何 新 松

　　近年來，全世界都在談美學教育、推動美感教育，也看得出有不錯的成效。我從小對美的事物就有興趣，直到現在熱情不減，似乎是要將年輕時候荒廢的時間彌補過來。

　　美感教育，是一種用自然鮮明生動的形象，喚起每個人純真對美的感受。這種感受是自然情感的流露，而美好的情感，不僅是對自己美的培養，也是對孩子進行教育的重要動力。古人說「童蒙養正」，孩子啟蒙時就要先教「正知正見」，長大就不會偏差了。

　　我們都曾記得雨過天晴，一道彩虹破空而出，一端掛在天上一端隱失在山林或大河深處……自然界氣候的變化、動植物、花卉四季更迭的變裝，所呈現的「自然美感」不僅豐富了人類的生活，更是代代相傳最佳的教材。

　　培養孩子對自然的美感能力，不僅僅讓他們感到一種美的景緻，還利用對其美感能力的培養來啟迪孩子們的心靈，喚起孩子品德的培養。例如，引導孩子觀賞傲立雪中的針葉，啟發孩子認識松柏凌霜不屈的精神，荷花出污泥而不染的精神，毛毛蟲重生的神奇感受生命的奧妙；觀看大海的雄壯遼闊，森林的博大生機……讓孩子們有了自己的美感體驗，變得敏感充滿朝氣。就讓美感教育從「童蒙時代」開始吧！透過認識大自然、觀賞動植物、花卉出發，進而成為愛美的人，

最終才可以成為愛世界、又愛人生的人。

　　我想大自然應該是「美麗人生」的開端吧！我也相信大自然孕育各式各樣的動植物、花朵是上天賜給人類最美的禮物。透過祂賜給我們愛美的心。如果我們不能善於利用這個禮物，把它的精神價值透過愛美的心普及到我們的生活中，豈不蹧蹋上天的美意！

　　美好的事物總是能夠吸引人們的目光，美是從人心開始的。衡量一個人美麗與否的標準，不是看外表，而是看心靈。當一個人具備了美好的品質，那麼他的言行舉止所呈現出來的姿態一定是美好的。美，從心存善良開始，善良是一種崇高的品格，一個人有一顆善良的心，不僅能幫助身邊的人，還能帶動身邊的人去惡從善，使得這個世界更加美好。

　　感謝著者與譯者用心編著，提供一本兼具「教育」、「教養」以及「人文內涵」的讀本，你們對「美」與「愛」的傳遞，多麼的令人動容。

　　　　　　　　　　　　　　（本文作者為北京大學多元藝術客座教授）

揭開植物界的秘密

楊平世

　　走在行道樹旁，穿梭林間小徑，或徜徉自然步道之間，周遭所見都是各式各樣的植物；這些植物為什麼會出現在這些地方，它們在生態系中的角色為何？和人類之間又有什麼關係？還有，常見的玫瑰、茶樹、咖啡樹、甘藍菜，又有什麼不為人知的秘密？只要讀讀這本《植物》，您不但會長智慧，也會更接近植物，更愛大自然。

（本文作者為國立台灣大學生物資源暨農學院特聘教授）

充滿人文色彩的植物課

　　查爾斯・科瓦奇（Charles Kovacs）任教於愛丁堡的華德福學校多年。華德福學校是根據奧地利哲學家魯道夫・史代納（Rudolf Steiner，1861－1925）的教學理念所創立的。這些課程不單旨在開發孩子的智能，更重視成長中孩子的全人發展，使每個孩子都能完全發展他們身體及心靈的潛能。

　　在查爾斯・科瓦奇擔任教師的時間裡，他日復一日的寫下了大量的課堂筆記。這些筆記多年來成為愛丁堡老師及其他華德福學校所鍾愛的教材。書的內容記錄著一位老師教育某些特定孩子的方式；其他的老師可運用此教材找到自己的教學方式。

　　以下講堂的內容摘錄自查爾斯・科瓦奇和他班上家長說過的話。

　　　　——愛絲翠德・麥克蘭（Astrid Maclean），2005年於愛丁堡

植物學講堂

要討論孩子在十到十一歲（五年級）這個階段的發展，可以從歷史的演變來說明。

認為人類天生就會運用智力及邏輯思考是錯誤的觀念。事實上，在過去的某個時間點上，我們所知道的邏輯思考及科學探究才開始萌芽；理性思考、推理與分析才真正進入人類歷史。理性與邏輯的想法所出現的時間點是古希臘時期，即希臘哲學家蘇格拉底、亞里斯多德和柏拉圖的時代。

在哲學出現的年代以前，如古印度、巴比倫、古埃及，甚至是希臘等古文明，孕育出了不同的文化。對古印度、巴比倫或古埃及的人而言，用神話解釋自然現象，就如同我們深信現代科學一樣。神話、眾神的故事，英雄及怪物等等，並不只是天馬行空的幻想。真正的古老神話，不但有詩意的想像成份，也有其邏輯存在。我們可以說，在古老文明中，邏輯和想像這兩種能力尚未分離，兩者仍是一體的。希臘哲學家們是最早的理性及邏輯思考者，他們之所以會出現在這特定的時間點上，是因為這是在人類心智上將邏輯和想像分離的時期。這也是詩詞成為一種獨立藝術的時期。

人類歷史中所發生的演化，也同樣會在個人身上展現。大約在十一至十二歲左右，就是個人能開始分別邏輯和想像的時刻。

這個改變顯而易見，好奇便是一個例子。有些孩子會對科學、地理或歷史的知識著迷。這個改變也可能以其他方式展現，例如有些孩子會變得好辯；他們喜歡純粹為辯而辯，但事實上，他們只不過是發現了一個新玩具，而迷上這個新玩具而已。

這個發展的另一個面向，是自我意識的增強。這階段的孩子會說：「我喜歡這個」或「我不喜歡這個」，並加強語氣，這跟年幼孩

11 或 12 歲左右的孩子很愛說：「我喜歡這個」或「我不喜歡這個」，這些都與覺醒有關，因為開始出現邏輯概念。

童所説的「喜歡」或「不喜歡」是完全不同的。

　　甚至，這階段孩子頑皮的方式也有所不同。年幼的孩子會頑皮是因為他們情不自禁，他們有種無法控制自己的衝動。但是五年級孩子的頑皮是故意的。這比較像是一種科學實驗：「我能不被責罵嗎？」、「我可以做到什麼程度？」這些都與覺醒有關。因為邏輯的浮現，邏輯和想像的分離，都是覺醒的過程。從所有的這些頑皮、好辯、自我意識和好奇當中，孩子們體驗了覺醒，像是從夢中醒來的感受。

　　但我們必須記得一件事。這階段只是覺醒過程的開始，而不是結束。如果在這階段，你僅給予孩子像是科學或地理這樣單調的知識，這對孩子內在正在發生的成長與發展毫無幫助。他們需要知識，也想得到知識，但給予知識的同時，必須要能滿足他們的情感、想像力及孩子能懂的詩意。提供他們單調的知識，會使他們的幻想、想像力和創造力枯萎死亡。

　　這就是我們這樣安排這堂植物學課程的原因。用演化系統的方式依序介紹植物，從低等植物開始，譬如沒有花朵、花粉和種子的蕈類、藻類，然後漸進至開花植物。

　　但高等或低等植物演化的概念，對孩子是無意義的。我們必須將植物種類比喻成他們的成長，將蕈類比為嬰兒時期、藻類比為學步期、單子葉植物是小學一年級等，從這些比喻中，孩子們接觸了演化的概念（雖然我不曾向他們提及「演化」這個詞），同時也讓他們感受到自身的演化與發展，而不僅只是知識。當然，這樣的類比包含了想像的成分，是有詩意的推理，這確實是五年級孩子所需要的。

　　最後，我仍需説明五年級植物學課在學校科學類課程中的位置。科學類課程的安排如同地理課程一樣，我們由近而遠，課程從鄰近的

側欄：
11-12 歲這階段，只是覺醒過程的開始，而不是結束。如果在這階段，你僅給予科學或地理這樣單調的知識，這對孩子內在的成長毫無幫助。給予知識的同時，必須要能滿足他們的情感、想像力及孩子懂的詩意。

以植物的成長與嬰兒成長相呼應，比方說：蕈類＝嬰兒時期、藻類＝學步期、單子葉植物＝小學第一年，會使孩子更快了解植物的生長歷程。

事物開始。在地理課中，我們從當地的城市開始，然後是自己的國家、鄰國，再推及其他國家。在九到十歲（四年級）科學課程中，我們從離人類最近的動物王國開始介紹；然後十到十一歲（五年級）介紹植物王國；礦物王國（地質學）則在十一到十二歲（六年級）介紹。十二到十四歲（七到八年級）介紹物理和化學。而離我們情感最遠的機械學，則在十四歲（八年級）時才介紹。

查爾斯・科瓦奇

Chapter 1
介於太陽與大地之間的植物

在冬天，當有一段特別長的寒冷日子時，不是只有人類在受苦；植物和動物世界也同樣的受到影響。鳥兒會比平常晚去築巢，而在花園、原野、山丘和小溪旁的花兒和樹木，也都在等候著太陽的溫暖光芒。像有無數個種子在大地之下，正等待著太陽的光和溫暖。

想像這些成上千萬的種子深埋在大地中，在寒冷季節的期間裡，當下雪、結冰和冷風吹拂的時候，種子仍安全地埋在土中。現在再想像一下，每一顆種子都是一點點的亮光，假如我們能夠透視大地，看起來就會像是萬點的繁星。在冬天裡，大地看起來就會像是星空。

假如你努力的去了解一些事情，而忽然間你領悟到了，你感覺「我知道了！」這感覺就像是突然有一道亮光。當你感受到這樣的亮光時，這就是思考，是真正的思考。

假如你留心的話，一天之內你會有好幾次發出這樣的光芒，只有在真正清醒的狀態下才感受得到。當你全神貫注、真正清醒的時候，你就會像是在冬天裡閃著萬點光芒的大地。我們在冬天時是比較清醒的，而在溫暖冗長的暑假中則較有睡意。

但在夏天是如何呢？在夏天時，所有的花朵從大地綻放出來，朝向太陽的光和溫暖成長。在大地裡面不再有任何的「星星」。花朵盛開，有著可愛顏色的花朵們來到了光和空氣之中。

我們可以用睡眠來做比較。當你睡著時，你真的能感覺到你的思維溜走了，這是件好事，否則，假如你還能思考，你就完全不能入睡了。

有時候人們會有煩惱：他們腦海中的事情困擾著他們，因此他們無法睡著。然後你就會了解，當我們想睡覺的時候，讓我們的思維消失是多麼的重要。

有些有智慧及有美麗思想的人們，像是被玫瑰和百合花環繞著，而不聰明的思想也許就會像蘑菇。好的想法就像是芬芳的花朵，如紫羅蘭；而壞念頭就像是有刺的蕁麻。

　　這些思維並不是真的不見，你真正理解的事物在隔天將會再回來。在夜間，這些思維不在你腦海中，否則你將無法成眠。就某種程度上來說，思維離開了你的身上，就像花朵在夏天時從大地中綻放出來。

　　假如能像看到花朵一樣地看到在人們入睡時離開的思維，將會是多麼美妙的景象！有些有智慧及有美麗思想的人們，像是被玫瑰和百合花環繞著，而不聰明的思想也許就會像蘑菇。好的想法就像是芬芳的花朵，如紫羅蘭；而壞念頭就像是有刺的蕁麻。

　　即使我們無法看見他人的思維，但你只要去觀察一個睡著的人，就可以明白地知道這個人清醒時擁有的思維，睡眠時已經不在了。當我們睡著時，就像是夏天的大地；當我們清醒時，就像是冬天的大地。

　　在春天時，如我們所知的，所有的植物開始成長。然而植物不是只有在我們所見的大地上成長而已，植物也在地下生長著。植物的莖、綠色的葉子和花這些部分是向著光成長的。植物的這些部分喜愛光，而且需要光，沒有光就無法成長，還會死去。

　　但是植物的根部，卻扎入愈來愈深的黑暗之中，進到了地裡。根喜歡黑暗，而且需要黑暗。假設你把植物的根暴露在光中，例如在地上挖一個洞，讓光照在植物的根上，那麼根將會死去，而整株植物也活不了。

即使是在夏天，根仍然在尋求黑暗；植物是太陽和大地的孩子。就如同小孩有爸爸和媽媽一樣。

　　植物需要太陽的光和溫暖以及大地的黑暗。在冬天時，大地較為強壯；在夏天時，則是太陽較為強壯。但即使是在夏天，根仍然在尋求黑暗；植物是太陽和大地的孩子。就如同小孩有爸爸和媽媽一樣，植物以大地為母，以太陽為父，在太陽和大地之間生活。

Chapter 2
會飛的小星星——
蒲公英

如果你在春、夏之時走過原野，你很可能會看到一種常見的野花。當你看到的時候，總是會忍不住將花摘下，對著它吹氣。一吹之下會有白色小星星四處飛散。沒錯，這種植物便是蒲公英。

然而，假使你早幾個星期前經過這片原野的話，當時的蒲公英看起來會有很大的不同。它不會有飛散的小星星，取而代之的是金黃色的花瓣。蒲公英金色的花看起來像是一顆小太陽，而蒲公英的金色花朵也喜歡陽光，只有在太陽升起時開放。當太陽下山後，甚至是晦暗的天氣，當烏雲蔽日時，蒲公英的花瓣便會闔上。

之後便會長出四處飛散的小星星；稍早時則是迎向太陽的金色的花朵；而更早的時候，你能在原野看到的就只有蒲公英的綠色葉子。這些綠葉的形狀奇特，有著銳利的尖尖邊緣。人們覺得這些銳利的尖端看起來像是獅子的牙齒，法文是「dents de lions」，然後就成了「dandelion」（蒲公英）。

所以我們知道蒲公英這種花有三個階段，起初是綠葉，然後是金黃色的花朵，接著是果實。那些會飛的小星星正是蒲公英的果實。

現在讓我們來了解蒲公英是如何從綠葉變成花朵，然後再生成果實。在年初時並不暖和，此時只有像是獅子牙齒的綠葉，太陽的光線與溫度還不夠強。不過這時候有某種東西在幫助剛從地底上冒出來的蒲公英。這種東西無所不在，卻只有當風吹過時才能感覺得到。這東西就是空氣，空氣與陽光造就了蒲公英綠色的葉子。

然後氣候漸漸變得暖和，溫度也愈來愈高，溫度與陽光在葉子上起了作用，頂端的葉子透過陽光的溫暖而轉化，不再是綠色，而是變成了金黃色的花瓣。不難想像蒲公英的花朵會隨著太陽日出而開，遇暗而闔。不需要對此感到訝異，因為蒲公英色彩鮮豔的花瓣正是由太

蒲公英的綠葉的形狀奇特，有著銳利的尖尖邊緣。人們覺得這些銳利的尖端看起來像是獅子的牙齒，法文是「dents de lions」。

陽的溫暖所造成。

　然而，太陽不僅是將溫暖給了蒲公英的花瓣，也把溫暖帶給了植物賴以成長的土壤。想像一下，在溫暖的日子裡，太陽照在一顆石頭上數個小時後，石頭當然會變得溫暖。如果你把石頭握在手裡，你就能感覺到從石頭反饋回來的溫度。

　植物賴以成長的土壤和單一的石頭有著相同的情形，只是過程需要花更長的時間。太陽的溫暖會進到土壤深處，大約有數呎深，然後土壤會將溫暖反饋到空氣中，就好像你感覺到反饋自石頭的溫度一樣。但是這個過程需要花較長的時間，才能自土壤反饋回來。可能要花上好幾週的時間，而且反饋的溫度也不明顯，難以讓人察覺。

　即便是如此，對植物而言，自土壤反饋回來的溫暖是真實且重要的。由土壤反饋回來的溫暖，將會幫助形成植物的果實。而蒲公英的果實，就是那些一吹氣便會四散的小星星。

　所以當太陽還很微弱的時候，空氣和光線造就了綠葉；接著太陽熱度變強時，則造就了金色的花瓣；之後陽光的熱度降低，由土壤反饋回來的溫暖跟熱度則造就了會飛的小星星。

　由土壤反饋回來的溫暖會持續一段時間，甚至經過整個冬季。很少人會注意到蒲公英的綠葉在冬天期間不會挺立，而是平躺在地面上，以便獲得來自土壤的一些溫暖。對蒲公英的葉子來說，自土壤反饋回來的溫暖就是這麼的真實而重要。

　因此，結論如下：

綠葉──空氣和光線

花朵──太陽的溫暖

果實──由土壤反饋而得的溫暖

　　那土壤下的根又如何？水幫助了根的生長。人們知道在對植物澆水時，噴灑葉子或花朵是無效的，因為這些部位不會吸水。植物必須透過根才能吸收水分，這也就是為什麼要讓植物周遭的土壤保持濕潤，以便讓水能進到根部，再從根部送往葉子與花朵。

　　空氣、溫暖、大地跟水如此地一同合作，使得植物的葉子、花朵、果實與根部能夠成長。

Chapter 3

大地之母的嬰兒——
菌類

四種元素中（譯註：水、空氣、火和土）每一個都在扮演著使植物生長的角色：水和根、空氣和葉、陽光和花朵、從土壤反饋的溫度和果實。但是，並非所有的植物都有葉、花、果實、甚至根，有許多植物沒有真正的根、葉、花和果實。

你還記得，當你真正了解一樣東西時，就像是內在有了亮光。隨著你長大學會更多東西，內在的光愈多，你所明白和了解的也愈多。這些植物沒有內在的光，植物的光來自外界的太陽。但是，陽光充滿了智慧，就像人們從自己內在的光學習成長一樣，自然界的植物從陽光學習成長。

像蒲公英或玫瑰這類植物有根、莖、葉、花和果實，學到了所有植物該學習的智慧。其他沒有葉、花或果實的植物則學得還不夠。又有哪些植物無法從陽光中學習呢？

十到十一歲時，你會閱讀、書寫和算術。但在幼稚園時，你還不能做這些事情。時間再往前，當你是個幼兒，還不夠聰明到可以上幼稚園；更早之前，你還在蹣跚學步。甚至在更早之前，你是嬰兒，還不會說話，只能發出滑稽的聲音，無法走路，只能揮動你的小手和腿。

有些植物像是嬰兒，有些像是學步兒，有的像小孩，但也有些植物像蒲公英或玫瑰有美麗的花朵、樹葉和果實，這些植物幾乎就像是成年人。

你不記得自己嬰兒時是什麼樣子，因為嬰兒大部分的時間是在睡眠中度過，沒有人能記得自己睡著時是什麼樣子。而即使是嬰兒在哭、扭動或喝東西時，仍然不知道自己正在做什麼。這個時候的嬰兒是睡多於醒。

　　蘑菇就是一種跟嬰兒一樣，睡多於醒的植物，在植物學中被稱為菌類。嬰兒喜歡什麼？你知道嬰兒只喜歡喝牛奶。嬰兒不會想要到戶外也不愛玩。蘑菇不喜歡在陽光充足的環境，喜歡黑暗陰涼的地方，蘑菇成長的地方潮濕陰暗，而且要遠離陽光。綠葉和花朵需要陽光才能生長，但蘑菇這種菌類沒有葉子也沒有花，所以蘑菇是植物世界的嬰兒。

　　花朵是朝向光亮綻放，朝向陽光。但若你觀察蘑菇的「蕈傘」則相反，蘑菇的蕈傘背對著光，並朝向大地，朝向黑暗。真正的花朝向光明，而蘑菇的蕈傘卻背對著光。

　　在蕈傘的蕈摺之間，有一種微小的粉。這不是種子，因為種子需要仰賴陽光來製造，這也不是花粉，不是花卉中常見的細粉。這種從蘑菇底部掉下來的微小粉粒叫做「孢子」。

　　當如此微小的孢子落在地上，並不會馬上長出新的蘑菇，而會發生不一樣的事情。一個非常細微的白色絲狀物（譯註：菌絲）從孢子開始生長，從菌絲上還會長出其他菌絲，再由這些菌絲生長出更多的菌絲。如果我們看得到的話，這會像是一棵長滿絲線的樹，但這棵樹是長在黑暗的土中。

　　這棵由白色菌絲形成的樹就是蘑菇的樹。從這細小的地底「樹」上有某種「果實」成長，或稱為「子實體（fruiting body）」，這果實就是平常看到生長在地面上的蘑菇。蘑菇是種奇特的果實，由地底下的白菌絲所生成。

　　當你摘下一個蘑菇，會看到在蘑菇的底端有微小的白菌絲，這些白菌絲不是根部，而是地底下的蘑菇「樹」的一部分。蘑菇沒有根，蘑菇是植物界的嬰兒，沒有根、沒有綠葉也沒有花朵，而「蕈傘」與花朵恰巧相反，蕈傘會遠離陽光。

你記得你嬰兒時期是什麼樣子嗎？蘑菇就像嬰兒般的植物，總是睡著的時候比較多。所以蘑菇是植物世界的嬰兒。

　　「真正的」或較高等的植物有著花朵和果實，這些植物生長在陽光下。蘑菇是一個嬰兒，不能區分開花和結果，所以實際上你看到蘑菇的是花也是果實。但蘑菇的花會遠離陽光，果實是從黑暗中成長，而不是在太陽的溫暖和照射下成熟的果實。

　　甚至有些「蘑菇」是生長在地面之下，也就是所謂的松露。人們喜歡吃松露，但因為松露長在地下，需要仰賴狗（或偶爾是豬）嗅探出來。當狗聞到地下的松露氣味時會開始挖掘，然後人們便能得到松露，而狗則享受一般的狗食。

　　你可以觀察到菌類或蘑菇就像小嬰兒般依附著大地之母，嬰兒成長得很快，在出生後的前幾個月迅速成長，比你現在成長的速度要快多了。菌類是植物界的嬰兒，成長的速度也非常快。可能某一天你什麼也沒看到，但是下了一場雨之後，幾吋高的蘑菇就冒了出來。你無法看到花朵成長得這麼快速。

　　花朵向陽光學習，產出漂亮的彩色花瓣和芬芳的氣味。蘑菇既沒有花瓣也沒有香甜的氣味，蘑菇不向陽光學習，永遠保持著嬰兒的狀態。

Chapter 4

直立在水中的植物——
藻類

你已經知道蘑菇或菌類是植物世界的嬰兒。相對於其他迎向陽光的植物，菌類從來沒有進一步跨越過嬰兒階段。要記住菌類「真正的」實體躲在黑暗的土中，只有子實體（或混合狀態的花和果實）會冒出到地面，而且菌類的果實也喜歡陰暗處。

我們現在來學習另一種植物，這種植物不像是一個睡著比醒著多的小寶寶。我們要回想起嬰兒開始結巴地說話和站立的時候。要知道站立是一門了不起的藝術。

你不記得自己生命中什麼時候開始說話以及嘗試用腳站起身。你不記得的原因，是因為當時你的覺醒仍然不夠，雖然已經比之前更加覺醒，但仍不足。不過，你也看過其他在此階段的孩子，如弟弟或妹妹。

植物並不會走路，也不會說話，但有些植物比菌類得到了更多一點的植物智慧，比菌類更進一步地走到了下一階段。現在你想想看：什麼是植物智慧的第一步？菌類踏不出的第一步是什麼？你首先注意到蘑菇沒有什麼？蘑菇沒有葉子，沒有綠色的葉子。

接下來我們要介紹有葉子的植物，葉子不一定要是綠的，可以是棕色、黃色、紅色，但仍然是葉子。如果你去下過大雨之後的海邊，一定會看到長長的海藻莖葉。而且你會記得海藻的葉子和莖與陸地植物的感覺完全不同，海藻沒有力量。

海藻正確的植物學名是藻類。藻類的莖和葉無法立起來，不能像蒲公英的葉子一樣佇立在地上。雖然海藻不能在乾燥的土地上做到這一點，但在水的協助下卻可以站起來。

嬰兒剛開始站立時，必須藉助物品或父母的手扶持。藻類生長在水中，可藉由水支撐，但在乾燥的土地上則躺下。所以，你知道藻類

就像處在學步嬰孩的階段，仍需要幫助才能站起來，藻類一生都停留在這個階段，就像蘑菇終其一生保持在嬰兒階段一樣。

所以藻類學了多少的「植物智慧」？藻類只學會了長出葉子。陽光已經教導藻類製造葉子，但是藻類卻沒有花朵，甚至沒有真正的莖，看起來像莖的部分只是葉子的細端。真正的莖因為陽光而站得直挺，但藻類的葉和莖只是漂浮在水中。

藻類沒有莖或花，也沒有像樣的根。真正的根會強而有力的深入到土裡。海藻固定在海床上，卻只是用一部分的葉子抓住岩石。這也難怪在風雨蹂躪下，會有很多藻類被從海床上扯起並被海水打上岸，因為藻類沒有真正的根來穩固自己。

海藻的種類有很多，如果你潛水到海藻生長的地方或俯視清澈的水面，看起來就像是有奇特植物的童話森林、童話花園和童話草原。而其中的童話植物看起來像樹木、像奇怪的花朵、像果實，但這些並不是樹木、花卉與果實。正如我所說的，藻類只有葉子，但是其中一些葉子會模仿真正的樹木、花和果實。就像是幼兒喜歡模仿大人一樣，模仿姐姐、哥哥或父母所做的事。

藻類以同樣方式模仿生長在乾燥土地的高等植物，藻類沒有真正的能力去生產花和果實，但是會模仿。藻類沒有像菌類這麼愛睡，藻類喜愛光，但只能在水中直立。如果你能記得海藻軟綿的感覺，你就會知道如何分別藻類和其他植物世界的兒童。

嬰兒剛開始站立時，必須藉助物品或父母的手扶持。藻類生長在水中，可藉由水支撐，但在乾燥的土地上則躺下。

Chapter 5

奇怪的小孩──
地衣

我們已經介紹了菌類和藻類這兩種植物家族。兩者來說，菌類像剛出生、睡著比醒著多的嬰兒；而藻類則是開始學習站立和說話的學步兒。這些植物世界的兒童不懂得如何生產其他植物所擁有的東西：

菌類沒有葉、花、果實和根。

藻類沒有花、果實和根，但是有葉子，這種植物是由葉子組成。

當小寶寶大一點時，可以站立但只能小步走路，可以說話但只能說簡單的字。你也許不記得了，但以前你無法說出如「地理（geography）」或「分母（denominator）」這樣長的字。這是小步伐時期，只要走了幾步然後跌坐下來，你就會為自己的行為感到自豪；這也是說簡短字句的時期，當時這些能力對你來說已經十分足夠。

有兩個植物家族正好像是在學步及說短字的孩子，這兩種植物是非常微小的。第一種常見於老石頭、老岩石及老樹皮上，看起來好像岩石或樹被噴上了綠灰色的油漆，但如果你更靠近一點看，會發現像是微小的綠灰色鱗片，但實際上是一種葉子。這種植物叫做地衣，還有一種地衣會從樹枝垂掛下來，看起來像是鬍子，是由微小的莖和樹枝所組成的。

這些地衣是奇怪的小孩，因為地衣不能生長在肥沃的土壤中，只能生長在堅硬的石頭和樹皮上。地衣沒有真正的根，不能深入到土中。陽光已經教會地衣製造小葉子，但不像藻類一樣生活在水中。一般來說地衣的葉子站不起來，即使能站也只能抬高一點點。有些地衣更像是莖，有些則像葉子，但都不能生產出花和果實。

那地衣的根呢？你還記得「高等植物」、也就是越像「成人的」植物能透過自己的根得到水分。地衣跟藻類一樣沒有真正的根，只有

微小的絲狀物，使地衣能夠掛在岩石、樹皮或牆上。

那地衣是如何得到水分的呢？這些古怪又微小的植物能做到高等植物所做不到的。地衣能透過葉子吸收水分。下雨或是起霧的潮濕空氣，都能讓地衣的葉子吸收到水分。

地衣是非常頑強的植物。可以好幾個月沒有水而活著，也可以像塵土一般的乾燥，地衣毫不在意，繼續等待，直等到有第一滴雨水，馬上活了過來並開始成長。

在遙遠的北方有數種地衣，好幾個月都是處於冰凍的狀態，但是當冰融化時，地衣馬上便快樂地成長繁殖。其中一種頑強的地衣稱為「馴鹿青苔」，這種地衣像是灰色的毯子覆蓋在凍土之上。馴鹿青苔正如其名，是馴鹿在漫長寒冷冬天中的食物。

科學家發現關於地衣的有趣現象，那就是——地衣不是一種植物，而是兩種植物共同密切合作，彷彿是兩種植物合而為一。這兩種植物的其中之一像是太陽的孩子，是一種藻類，構成了小葉子中的綠色部分。另一種則像是大地的孩子，是微小的菌類。這種菌類附著在石頭或樹皮上，圍在藻類周圍生長，保護藻類的安全。藻類從陽光中獲得養分並和其朋友菌類分享。藻類和菌類藉此形成一種依存關係，雙方都無法離開對方獨自生活。

> 有兩個植物家族正好像是在學步及說短字的孩子，這兩種植物是非常微小的。一種是石頭上的地衣，還有一種會從樹枝垂掛下來，看起來像是鬍子的地衣。

地衣是如何散佈的呢？當我們看到地衣生長在石頭上，這些地衣是從何而來？地衣從小葉子上散出灰綠色的粉塵來繁殖。粉塵靠著風和雨的攜帶而來到其他石頭或樹皮的裂縫中，並開始成長。地衣並沒有真正的種子。

地衣是微小卻很堅韌的植物。

Chapter 6

綠色的軟墊——
苔蘚

菌類像是嬰兒，藻類像是學習走路的幼兒，地衣像是開始走第一步的孩子。接下來我們要介紹的植物也像是剛開始走路和說話的小孩。這是一種微小的植物，小到你很難注意到它，但你走在任何樹林或森林都會發現它的蹤影，不自覺地踩在腳下。這種植物就是苔蘚。

苔蘚跟地衣一樣是微小的植物，但地衣的葉子沒有特定的形狀，彷彿像是隨手的塗鴉，微小的苔蘚葉子卻不一樣，看起來像是精心製造而成。

如果你仔細觀察，你會發現苔蘚是由許多獨立的植物組成的。有些看起來像小樅樹，有些像是小圓葉片。苔蘚有很多種類。

當你在樹林裡仰望高大的樹木，會看到周圍有很多不同種類的樹木。但腳下的青苔也同樣是一座小樹林，如同高大的樹林一樣是個奇妙的植物世界。

只有一兩棵樹不能算是樹林，要有很多樹才能叫做樹林。每一片苔蘚都是一片小樹林。這種微小的苔蘚植物總是結伴成長，成群結隊。這就是為什麼樹林裡的苔蘚像是墊在大地上的墊子，成千上萬的小植物組成了一片軟墊。

樹林裡高大的樹木需要地面上的小樹林軟墊。這些柔軟的綠色墊子跟地衣一樣，能像海綿一樣吸收水分，並保持水分。如果沒有苔蘚，雨水會流走，之後地面會變得乾燥，高大樹木的根將難以獲得足夠的水。然而，這些像柔軟墊子的苔蘚能讓地面保持潮濕，高大的樹木因而得到所需要的水。因此，這些小苔蘚植物無私且慷慨地幫助了整座森林。

我們知道苔蘚是綠色的，所以我們知道苔蘚就像藻類和地衣一樣已經學會了植物智慧的第一課，也就是製造綠葉。但是苔蘚植物喜歡

苔蘚能將自己抬起一點點，有直立莖卻不能高高站立，因為苔蘚在植物世界中還是小孩子，因為喜歡陰涼的地方，所以沒辦法受到太陽的教導。

在樹蔭下，也喜歡貼近大地之母。苔蘚能將自己抬起一點點，有直立莖卻不能像鬱金香或蒲公英一樣高高站立，因為苔蘚在植物世界中還是小孩子。因為苔蘚喜歡陰涼的地方，所以沒辦法受到太陽的教導。苔蘚的葉子仍然很小，但這些小葉子可以靠自己的力量直立起來。

當然，苔蘚植物沒有真正的花、沒有真正的果實，但卻擁有果實和花的模仿品，某些苔蘚在莖頂部的小葉會轉黃，看起來就像一朵小花，但真正的花不是由綠葉轉黃所變成的，真正的花是一種叫做花瓣的特殊葉子。苔蘚植物也會模仿小圓莢膜中的罌粟種子，不同的是，罌粟的莢膜是真正的果實。

苔蘚的葉子能吸收水分，所以不需要根。苔蘚沒有真正的根，只有短細的支根（rootlets）。我們能夠輕易地從地面掀起一片青苔，因為苔蘚唯一和地面連接的是纖細的絲狀物，苔蘚和地衣一樣，是植物世界的學步小孩、是微小的植物，只是剛開始有簡單的根、模仿的花和果實。

Chapter 7

有漂亮曲線的植物──
蕨類

我們學過了植物世界的嬰兒期與學步期，在說明下一種植物之前，先來看看孩子成長過程中的下一個階段。

如果有一個小孩聽到別人稱呼自己為瑪莉，那麼她第一次說話時會說：「瑪莉要這個。」而不是說：「我要這個。」之後會有很大的進展，當你提到自己的時候，將不再以自己的名字稱呼自己，而會說「我」。這是覺醒上很大的一步進展，通常也是你能記住的早期事件之一。當你不再以自己名字稱呼自己，而開始說「我」的時候，就是首次開始有所覺醒。

這是覺醒上很大的一步進展，隨著人的成長，我們內在會有愈來愈多的覺醒。即使到現在，你所覺醒的還只是一小部分，隨著持續的成長，能夠覺醒的將會愈來愈多。

在植物界，也有像孩子一樣頭一次稱呼自己為「我」的植物。這些植物大多生長在森林裡，也只有綠色的葉子，但卻長得又高又漂亮。賣花人製作花束時，為了讓花束好看一些，經常會加上一些這樣的綠葉。描繪這種美麗的葉子，需要相當的細心與愛心。這種植物便是蕨類植物，那美麗的綠葉就好像在說「我」一樣。如果拿蒲公英的葉子和蕨類植物的葉子相比，即可看出蒲公英的葉子是多麼的粗糙！

如果你觀察蕨類植物的成長情況，你很難想像蕨類會長出如此漂亮的葉子。乍看之下，蕨類植物看來像是小蝸牛的殼，顏色甚至不是綠的，而是褐色的。但這些像小蝸牛的東西會在成長時展開；看到這些捲曲的小東西展開變成可愛、高大的蕨類葉子時，真是一幕美好的景象。我們要仔細觀察蕨類葉子，才看得出葉子是如何組成的：中間有強壯的葉脈，以及長著小葉子的側邊葉脈，這些小葉子會朝向側邊葉脈的尖端生長，而且愈來愈小。

> 在植物界，也有像孩子一樣頭一次稱呼自己為「我」的植物，那就是蕨類植物，大多生長在森林裡，也只有綠色的葉子，但卻長得又高又漂亮。

較高等的植物，譬如玫瑰、康乃馨，以及其他會開花的植物，都是將注意力放在開花，而不會放太多注意力在綠色的葉子上。但蕨類植物是不開花的，將太陽給予的所有力量與智慧，都用來製造這些美麗的綠色蕨葉。

蕨類還會做一些其他的事情：蕨類葉子會模仿花朵。就像花瓣繞著圓圈生長一樣，因此蕨類葉子也會繞著圓圈生長。當然，蕨類依舊只是地上長出來的綠色葉子，仍不是花。

這些美麗又強壯的蕨類與微小的地衣、苔蘚、濕軟的藻類，以及菌類植物大為不同。蕨類植物有真實、美麗的綠葉，比起其他的植物覺醒得更多，就好像孩子初次稱呼自己為「我」這樣的覺醒。

不過，蕨類仍無法長出花瓣或果實。那麼，蕨類是如何繁殖的呢？如果你看每一片葉子的背面，可以發現棕色的點；假使你在夏天將蕨葉放在吸墨紙上，隔天你便會發現褐色的點在油墨紙上留下痕跡。這種褐色粉末像是菌類的孢子，但不同的是：蕨類粉末會長成小小的綠色鱗狀物，最後再從這些綠色鱗狀物長成新的蕨葉。

蕨類植物有個親戚，也可以說是蕨類植物的表兄弟。但這種植物不大像是蕨類，沒有漂亮的葉子；事實上，這種植物一點葉子也沒有，而有漂亮的長莖，整棵植物看起來像一株很小的樅樹，這種植物就叫做木賊。

木賊的長莖堅硬卻易脆，像是細緻的玻璃。假使你搖晃木賊，甚至可以聽到碎裂聲。但是木賊這個奇怪又僵硬的傢伙，竟然是擁有漂亮曲線的蕨類的親戚。蕨類植物是沒有莖的葉子（葉子從根長出、直接從地面長出來），而木賊則是沒有葉子的莖。

蕨類跟木賊都不會開花，蕨類是將全部的力量都放在葉子上，而木賊則是將所有力量都放在莖上。

乍看之下，蕨類植物看來像是小蝸牛的殼，顏色甚至不是綠的，而是褐色的。但這些像小蝸牛的東西會在成長時展開；看到這些捲曲的小東西展開變成可愛、高大的蕨類葉子時，真是一幕美好的景象。

Chapter 8

有魔法的香氣——
針葉樹

我們將植物比喻為成長中的孩子：從菌類植物、藻類、地衣到苔蘚，就像是嬰兒、學步兒，以及剛會說「我」的小孩。

> 我們知道植物向太陽學習。從太陽學到最美妙的事就是創造出花朵，也就是開花。只有認真向太陽學習的植物、只有熱愛向太陽學習的植物，才能真正的開花，真正的創造出花朵。

大概二到三歲的時候，我們開始學會說「我」，而在自然界裡，美麗的蕨類植物就像是這個階段的小孩。接下來就是三、四以及五歲，上小學之前的幼稚園階段了。在進小學之前的那幾年，你的覺醒會有所成長。四歲的孩子已經不再是嬰兒，也不是學步兒。他們能享受簡單的故事，而且喜歡一再重複的聽同樣的故事。四歲的孩子通常已經聰明到能夠數數字了，大部分的孩子能數到二十，但還不會加法、減法或乘法。

我們知道植物向太陽學習。從太陽學到最美妙的事就是創造出花朵，也就是開花。只有認真、熱愛向太陽學習的植物，才能真正的開花，真正的創造出花朵。

有些植物像是四歲的孩子，像還沒上學的小孩。這些植物比嬰兒、學步兒和剛會說「我」的小孩更加的覺醒，卻仍無法像已經上學的孩子那樣的學習，所以這種植物還無法創造出任何的花朵，是沒有花的。

我們可以把綠葉視為第一次的覺醒。菌類植物沒有綠葉，而藻類、地衣以及苔蘚有，蕨類則有著最美麗的綠葉，僅仍是綠葉而已。木賊有著最美麗的綠色莖，在底部節與節的間隔比較長，愈靠近頂端則會愈來愈短。這也許會使你想起另一種植物。看看木賊多麼像是一棵小樹，樹幹所生長出來的分枝是多麼地規律。櫟樹（俗稱橡樹）或蘋果樹的分枝，是不會這樣生長的。

但木賊跟樅樹就很像。樅樹有筆直的樹幹，愈靠近頂端愈細，而且旁邊長出的樹枝就跟木賊的樹枝一樣有規律。你可以將樹枝看成是

長在不同的樓層，有些是一樓，有些是二樓等等，就跟木賊的樹枝一樣。

你可以將樅樹想成是一種長得比較高的木賊。為了長得更高大，樅樹就必須長出成木頭，因為綠色的莖無法長得那麼高。我們稱這些樹的葉子為針葉，因為這些葉子不能像闊葉般展開，比較像是莖，就像木賊的葉子。松樹、樅樹跟落葉松都屬於這種植物家族。

這些樹都比木賊高出許多，但學的東西卻沒有比木賊多出多少。這些針葉樹全都沒有花，這就是為什麼我們說這些樹像是學齡前的四歲孩子。

讓我們來學習更多關於針葉樹的事。這些樹有毬果，而其他的樹會開花，但樅樹及松樹卻會在樹枝上長出許多許多的小樹，每棵小樹在中央都有細小、筆直的樹幹。鱗片會環繞著小樹幹成長，而發展成一顆毬果。假如你把這緊閉的松果或樅果帶回家，並放在溫暖的房間裡，一兩天後，鱗片會像小門一樣的打開，而你將會發現，在每一個鱗片下都有兩顆小小長著翅膀的種子，等著被風吹走。

在春天，當松果仍小的時候，有些松果是紅色的，像根紅蠟燭般地立在樹枝上，就像是花朵一樣。之後當種子飛離松果，這時又像是果實。有著針狀葉子的樹還沒學到如何區分花和果實，還沒有獨立的花和果實，只有同時象徵花和果實的毬果。這些長著針狀葉子的樹，正式的名稱叫做針葉樹。

在初春時，木賊也會在單一莖幹上長出一顆小毬果，但木賊不算是真正的針葉樹，只有樹才能被稱為針葉樹。針葉樹沒有真正的花和果實，不會像蕨類、苔鮮或菌類散播細小的粉粒，針葉樹擁有真正的種子。

針葉樹裡有一種黏性的物質稱為松香。假如切下樹皮，這種物質

針葉樹的毬果，就是長在樹枝的小樹，在中央有細直的樹幹，鱗片會環繞著小樹幹成長，而發展成一顆毬果。假如你把這緊閉的松果或樅果帶回家，並放在溫暖的房間裡，一兩天後，鱗片會像小門一樣的打開，而你將會發現，在每一個鱗片下都有兩顆小小長著翅膀的種子，等著被風吹走。

針葉樹全都沒有花，學的東西卻沒有比較多，這就是為什麼我們說這些樹像是學齡前的四歲孩子。

就會流出，松香有一種迷人的香氣，當你燃燒松香的時候特別明顯。針葉樹不會長出真正的花，但假設針葉樹有花，那所有的香氣都會進入花之中，針葉樹的香氣進入了松香裡。松香裡可說是有朵魔法般的花，當你燃燒樅樹的樹枝，那藏在松香裡的魔法花朵，就會在火燄及香氣中被釋放出來。

Chapter 9

樹與大地的關係

在冬天時的樹，看起來就像地上的土壤一樣貧瘠。當春天來臨，綠芽從土中冒出，綠芽也從木頭中萌發，這時木頭又變得像土壤。木頭的行為跟土壤一樣。

我們已經學習了關於四歲大的孩子，這些孩子仍不用去上學，而且我們用了針葉樹、筆直的樅樹、松樹與這些孩子做比較。假如你將高大的樅樹與蒲公英相比，比較之下，蒲公英是比較小的。然而蒲公英知道的更多；蒲公英從太陽光學的東西比樅樹更多，蒲公英有真正的花，之後也能結出真正的果實，真正的結出種子。

你也許會想，這真是奇怪，高大的樅樹像是四歲還沒去上學的孩子，而蒲公英相較之下是如此的微小，但卻像是年紀更大的孩子，因為蒲公英比高大的樅樹更加的覺醒。無論如何，不需要比較樹跟花的實際大小。要更近一步了解，就讓我們看看另一種樹，櫻桃樹或開花的蘋果樹，這真是一幅美景！開花的櫻桃樹或蘋果樹本身就像是一座小花園，當然，花園裡所有的花都是同一種。每棵樹在開花期時就是一座種著同一種花的花園。

而在冬天時，這些樹看起來就如同地上的土壤一樣貧瘠，木頭、樹幹和樹枝，在冬天看起來就像是土壤一樣！當春天來臨，綠芽從土中冒出，綠芽也從木頭中萌發，這時木頭又變得像土壤。木頭的行為跟土壤一樣。

但這裡有不一樣的地方：地面上的植物在土壤中扎根；而長在樹上的葉子和花則是依靠著樹的根成長。

在地面生長的植物會將根扎入土中，土壤會使根變硬，有些根甚至變成了木頭。是大地的力量讓根變得跟木頭一樣硬，而不是太陽；太陽創造的是細緻的花朵。

你現在可以了解，哪裡有樹成長，哪裡你就可以見到堅硬的木頭樹幹從土壤中升起，這是大地的力量。大地之力是往上的；就好像大地推起了一座山丘一樣，樹也同樣被推高。

　因為樹木就是往上延伸的大地，所以當樹變老並且開始腐爛、瓦解時，會發生什麼事呢？假如你把手放進年老腐爛樹洞中，你會發現木頭已經瓦解成柔軟的土壤。難怪木頭的行為跟土壤一樣，當木頭光禿禿的時候，土壤也是光禿禿的，當花朵從土壤中生長出來時，木頭也變成一座小花園。

　菌類、地衣還有苔蘚都知道樹的木頭是一種土壤；這就是為什麼你會在樹上發現菌類、地衣以及苔蘚，這些植物都是大地的孩子，可以在木頭上快樂地生活，就像在土壤上一樣。還有昆蟲、甲蟲跟蠕蟲，這些昆蟲也快樂地住在木頭中，牠們都知道木頭也是一種土壤。

　現在你知道樹上有綠葉、花和果實的才是真正的植物，而樹的木頭只是被大地向上推起的山丘。再想想樅樹和蒲公英。樅樹真正的植物部分是針葉和球果，而不是木頭。就真正的植物而言，針葉與蒲公英的葉子相較之下，針葉顯得較為簡單。而且蒲公英的花不止是一朵花，是好幾百朵長在一起的花。

　你也許會問，為什麼有這麼多種類的木頭？這是因為在木頭上成長的綠色植物會需要不同的土壤。這就跟在地上生長的植物是一樣的，很多植物都需要生長在特定的土壤；而樹上的小綠色植物也需要專用的特別土壤，這土壤就是樹的木頭。

Chapter 10

向陽光學習的孩子——
開花植物

樹

是被大地向上推起的山丘，而長在樹上的葉子、花及果實就跟其他長在大地上的植物一樣。唯一的差別是，在樹上這個小花園裡的花和葉子並沒有自己的根，而是與樹共用根部。

我們學到的第一種樹是針葉樹，這種樹沒有真正的花，只有像是綠色葉子的針葉，而大多數的針葉樹整年都是綠的，無論夏天或是冬天。這就是為什麼這些樹也稱為長青樹。針葉樹沒有真正的花，它還沒有從太陽那邊學到如何開花，因此，針葉樹就像四到五歲的孩子，還沒開始到學校上課。

現在，我們來到小孩開始上學的階段。這是你開始學會讀書寫字的時期。內在的思維之光已經在你心中開始起了作用。當你可以從一數到二十或三十、可以畫畫、而且第一次用「我」來稱呼自己，這就是內在之光在你身上的成果。

一旦你開始上學，將要用到更多的內在之光。學習讀書寫字需要比以前更多的內在之光。想想加減法及乘法表，要學習這些東西會需要多少內在之光啊！如果你喜愛內在之光，你就像是有著美麗花朵的植物；你就像是我們喜歡欣賞的紅色、粉紅色、藍色、白色及黃色的花朵；就像那些在空氣中散發迷人香味的花。

花朵開心地對陽光敞開，就像是願意學習，敞開心胸的孩子。當然，只想著惡作劇、不專心上課的人就像是遠離光的蘑菇。而且某些蘑菇是有毒的，這些蘑菇只會生長在有東西死亡的地方。

會開花的植物被稱作開花植物，這些植物就像是已經開始上學的孩子，並且專心上課。但是這些在草原及花園裡散發美麗香氣的開花植物並沒有學校，也不像人類一樣有老師教導。這些植物的學校跟老師，就是太陽的光。

會開花的植物被稱作開花植物，這些植物就像是已經開始上學的孩子，並且專心上課。但是這些開花植物並沒有學校，也不像人類一樣有老師教導。這些植物的學校跟老師，就是太陽的光。

　　但是除了陽光之外，還有其他的東西在作用著。當你在夜間仰望天空，可以看到無數的星星，星星的光也照向我們，照在大地上。在白天，太陽閃耀時，你可能會想：天空中並沒有星星。但你錯了，因為星星在白天依然閃耀著。只是陽光太耀眼了，以至於我們看不到星星，但星星仍舊在天上閃耀著。在白天，除了陽光之外，星星的光也照在大地上。我們肉眼可能無法看見，但對植物而言，星星的光芒就如同陽光一樣的真實。

　　植物從太陽那裡學習開花，而植物從星星那裡學習如何讓花朵有著像星星般的姿態。有些像六芒星，有些像五芒星，有些像四芒星，也有些像有很多光芒的星星。有些植物甚至在果實中裡展現出星星的樣子，像是蘋果、橘子跟檸檬中的「星星」形狀。

　　高掛的星星可說是天上的花朵，是神的花朵。而地上的花就像是鏡子，映照出天上花朵的光芒。

　　地上的花朵只是微小的倒影，是天堂美妙光芒的微小影子。當你在學校認真學習的時候，一點一滴吸收的小聰明、智慧跟知識也是種微小的倒影，是一面微小的「鏡子」，反映出神無限偉大的智慧。

> 花朵開心地對陽光敞開，就像是願意學習，敞開心胸的孩子。只想著惡作劇、不專心上課的人就像是遠離光的蘑菇。

Chapter 11

用綠色的小杯來區別——
低等與高等的開花植物

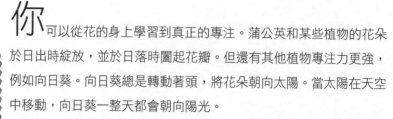

你可以從花的身上學習到真正的專注。蒲公英和某些植物的花朵於日出時綻放，並於日落時闔起花瓣。但還有其他植物專注力更強，例如向日葵。向日葵總是轉動著頭，將花朵朝向太陽。當太陽在天空中移動，向日葵一整天都會朝向陽光。

即使較小的花也會這麼做。紫羅蘭也跟隨著太陽，慢慢地將頭朝向太陽，以便可以隨時吸收陽光進入花的中心。小紫羅蘭不僅是一種專注的花，也是一種不吸引人注意的花，很少表現出自己。紫羅蘭有一種可愛的香味，但必須很靠近才能聞到。

康乃馨則不太一樣，不會如此密切地跟隨著太陽。康乃馨非常驕傲和自負，有著漂亮的顏色，而且某些品種的康乃馨有著濃烈的香氣。如果你把紫羅蘭或玫瑰擺在這些康乃馨旁邊，也沒辦法聞到其他的花的味道。康乃馨像是不專心的小孩，總是想引人注意，想要炫耀。

開花植物與開始上學的孩童非常相像。像蒲公英或水仙花這樣的開花植物有堅固的莖，有足夠的力量挺立；但也有開花植物是屬於攀緣植物，必須依靠其他東西支撐。

同樣地，有些孩子自動自發，有些總是需要別人的幫忙。還有一些植物想要讓自己不好相處，例如會刺人的蕁麻。在此提供一種對付蕁麻的方式：如果你穩穩地將蕁麻抓緊，就不會被蕁麻刺到了。當然，蕁麻就像是喜歡惡作劇的孩子，需要有人抓緊他們。

正如同學校裡有年紀小和年紀大的孩子，開花植物也有兩種，高等與低等開花植物。你可以由葉子辨別出這兩種開花植物的不同。低等開花植物有著簡單的葉子，而高等開花植物有著複雜的葉子。葉子有所謂的「葉脈」。簡單葉子的葉脈大致上都是平行的，但較複雜葉

子的葉脈則會分叉。

　　植物學中這被稱為平行脈和網狀脈。複雜的葉子也可能有複雜的邊緣，像蒲公英或玫瑰，而簡單的葉子則有直的葉緣。

平行脈葉（parallel veins）　　　網狀脈葉（reticulate veins）

　　你也可以從花朵來辨視。低等開花植物的花朵遵循六芒星形，如藏紅花、百合、鬱金香、鳶尾、雪花蓮、水仙花。高等的開花植物有五芒星、四芒星或多角的星形，如玫瑰、紫羅蘭、康乃馨。

　　此外，這些植物的花是從像綠葉的杯中長出來的，這個杯狀物稱為花萼。平行脈的植物沒有花萼，沒有綠葉形成的小杯子，這種植物不會區別花萼與花朵。

　　高等開花植物有複雜的葉及強壯的根。低等植物底部有一個球莖，這不是根，只是莖較厚的部分，球莖上只有一些細小的根部。因此，這兩種開花植物的葉、花和根都不同。

Chapter 12

手中握著的珍貴禮物——
花

苔

蘚、蕨類、藻類像是學齡前的孩子，是不會開花的植物。開花的植物像是鬱金香、紫羅蘭、水仙花、玫瑰花，這些花就像是學童。看見美麗又芬芳的花朵，就像是看見了學習的意義，讓內在的光在你身上作用。學習、記憶、思考等等並不是容易的事，同樣地對植物來說，開花也不是件容易的事。事實上，開花植物必須作好充分準備才能孕育花朵。開花植物像是玫瑰或是野生的毛茛，經過很長一段時間的成長，卻仍然只有綠葉。

但是毛茛葉子會在成長中有所改變。第一片葉子長在地面附近，靠近地面且體積較大，但後來的葉片長的位置更高、更小、更精細！卻仍然只是綠葉。

然後奇妙的事情發生了：毛茛停止長高，卻長出一種特別的小綠葉，跟之前的綠葉有很大的不同，這些小綠葉併攏站在一起，形成綠色的小殼。如果你拿刀子剖開剛成形的小殼，會發現裡面空無一物。但如果你稍等一會兒，過個幾天，那麼小殼就會展開，露出可愛的黃色花朵！而先前的小殼現在像是一個杯子捧著花瓣。這些小綠葉先形成殼，然後變成杯子，這個部分叫做花萼，也就是杯子的意思。而小綠葉則稱為萼片。

許多萼片一起組成了花萼，開始時像是一雙在祈禱的手，然後手中會握有一份珍貴的禮物，那就是花。

花的彩色葉子被稱為花瓣。但是，花萼捧著的禮物不只是這些可愛的、彩色的花瓣，還有別的東西。有個東西看起來像是國王或王后的權杖，在最中央的花瓣裡直挺挺地站著，這個部位叫做雌蕊。

古代的國王右手拿著黃金手杖，叫做權杖，而他的左手則拿著一個黃金球，叫做寶球。當國王登基時，他會坐在王位上，一手拿著權

> 然後奇妙的事情發生了：毛茛停止長高，卻長出一些併攏的小綠葉，形成綠色的小殼。如果你拿刀子剖開剛成形的小殼，會發現裡面空無一物。但如果你稍等幾天，那麼小殼就會展開，露出可愛的黃色花朵！

杖，一手拿著寶球。

如果靠近一點看花中心的權杖，你會發現再往下一點時，權杖變大了，看起來像一個球。在植物中這兩者是一起的，上部像一個權杖，下部像一顆球。但是在植物學裡這個部位不叫做權杖和寶球。上面看起來像權杖的部分稱為雌蕊，下面看起來像一顆球的部分則稱為子房。

學習、記憶、思考等等並不是容易的事，對植物來說，開花也不是件容易的事。開花植物必須作好充分準備才能孕育花朵。

然而花萼支撐的東西還不只這些。花萼除了支撐著花瓣、雌蕊和子房（真正的）外，也容納了別的東西。纖細的莖圍繞著皇室權杖和寶球，也就是圍繞著雌蕊和子房，形成像是王冠一樣的圓圈，這些莖被稱為雄蕊。雄蕊有金色的頭部，頭部是由細微的金粉組成，這些金粉叫做花粉。

回想起在本書的開頭時，你了解到植物是太陽和大地的孩子，在開花植物的每一個部位中，某些部位是大地所給予的，某些部位是太陽給予的。你可以很簡單地發現，綠色的雌蕊和圓的子房（本身就像一個小地球）是大地的禮物。圍成圓圈的雄蕊，還有金色的花粉，則是太陽的禮物。

花萼之上的禮物是多麼美好啊：花瓣、雌蕊和子房，還有雄蕊和金色的花粉。

Chapter 13

金色的皇冠——
花粉

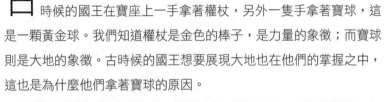

多數花朵的金色花粉都不是乾的，而且黏黏的。假如你碰觸花粉，花粉就會留在你的手指上。對於這些花來說，花粉是藉著昆蟲帶進了雌蕊，例如蜜蜂和蝴蝶。

古時候的國王在寶座上一手拿著權杖，另外一隻手拿著寶球，這是一顆黃金球。我們知道權杖是金色的棒子，是力量的象徵；而寶球則是大地的象徵。古時候的國王想要展現大地也在他們的掌握之中，這也是為什麼他們拿著寶球的原因。

讓我們看看在花裡的小球，這顆小球叫做子房。這個子房與大地有什麼關係嗎？你記得在冬天裡，在寒冷的季節中，種子躺在大地內等待春天。但種子是從哪裡來的？種子一開始在哪裡？剛開始的時候，種子是在子房裡。這些種子後來會躺在大地內，但剛開始的時候，種子是躺在子房這小小的大地裡。子房其實是微小的大地。

假如你試著從子房中取走小種子並放到土裡，這是沒有用的。這樣做種子並不會成長。這些在子房中的小種子在可以長成新的植物之前，還需要一些東西。種子需要的是太陽的祝福。

你知道雌蕊和子房是大地的禮物。而太陽的禮物是什麼呢？是雄蕊和金色的花粉，這個金色的皇冠，是太陽的禮物。要把太陽的祝福帶給種子，需要有金色的花粉幫忙。

那麼，金色的花粉要如何到子房裡的小種子那裡去呢？如同「權杖」的雌蕊是中空的，而且有著黏稠的頂端。對於某些植物而言，風將花粉從雄蕊帶到雌蕊上，花粉穿過中空的雌蕊，來到子房裡的種子。

多數花朵的金色花粉都不是乾的，而且黏黏的。假如你碰觸花粉，花粉就會留在你的手指上。對於這些花來說，花粉是藉著昆蟲帶進了雌蕊，例如蜜蜂和蝴蝶。

植物和昆蟲互相幫助。花的杯狀花萼下方，有著小小的蜜或露滴。這些花蜜的分量很少，我們沒有辦法品嚐。但對於小小的蜜蜂或

蝴蝶來說，這些花蜜的分量卻很多。就拿蜜蜂來說，蜜蜂不會只拜訪一朵花，牠們會拜訪許多花，並且從每一朵花蒐集花蜜帶回蜂巢。而每個蜂巢會有上千隻蜜蜂出去採蜜，所以蜜蜂共同蒐集了大量的花蜜。

因此，花提供花蜜給蜜蜂和蝴蝶。花生產花蜜不是為了自己，而是為了昆蟲。而昆蟲也為植物做了一些事情。

當蜜蜂蒐集花蜜時，大量的金色花粉會黏在蜜蜂或者蝴蝶的身上。而當蜜蜂來到了下一朵同種類的花時（一定要是同一種花），蜜蜂會從身上磨下一些花粉到雌蕊上，讓花粉可以通過中空的雌蕊到達子房的種子。而蜜蜂也似乎知道這一點，所以蜜蜂只會拜訪同一種花，比如說一天只拜訪蘋果花，而另一天只拜訪櫻桃花等等。因此，花朵給了昆蟲花蜜，而昆蟲則幫忙傳遞帶著太陽祝福的花粉到子房裡的小種子。

如果沒有花粉，沒有太陽的祝福，那麼子房裡的種子就無法成長。但是只要種子收到太陽的祝福，奇妙的事就會發生。

子房是小的大地，這時會開始成長。花朵的其他部分，如花瓣、雄蕊，會開始凋零，因為它們的時間過去了。但是子房，這塊小小的大地已經收到了太陽的祝福，子房會留下來不斷成長，最終變成了果實。

果實裡面會有種子，如果這些種子被放到大地中，就會長出新的植物。所以如果你切開蘋果、橘子、番茄或是櫻桃，你會在裡面發現種子。但是這些甜美的「果肉」，一開始卻是小小的「寶球」，是花的子房。所以你現在明白，世界上的果實和種子，是太陽、大地、花和昆蟲一起努力的成果。

古時候的國王在寶座上一手拿著權杖，另外一隻手拿著寶球，這是一顆黃金球。我們知道權杖是金色的棒子，是力量的象徵；而寶球則是大地的象徵。

Chapter 14

光的孩子——
花和蝴蝶

我們已經明白了花和昆蟲如何合作，許多花和昆蟲沒有彼此就無法生存。假如蜜蜂和蝴蝶不能拜訪花朵，花粉就無法碰到子房裡的種子，而來年就不會再有這種花了。

但蜜蜂和蝴蝶也需要花。蜜蜂和蝴蝶等昆蟲是光與溫暖的孩子。在冷天或潮濕的夏日裡，牠們會躲起來，不會出來，但是在溫暖的晴天，蜜蜂和蝴蝶就像水中的魚一樣快樂。這些光的孩子從來不會從大地身上帶走食物（只偶爾會喝喝水），只吃太陽為牠們準備的花蜜維生。

花和昆蟲密不可分，彼此需要。你想想蝴蝶，拍著鮮艷的翅膀在花與花之間飛行。然後再想想鮮豔的花朵，花朵與蝴蝶一樣也是光的孩子。當然，花朵與花瓣是植物的一部分，而蝴蝶是一種昆蟲，所以不是完全一樣，但是卻非常相似。（許多花會在潮濕陰暗的天氣中闔上，就像蝴蝶躲起來一樣！）花瓣和蝴蝶的翅膀十分相像，蝴蝶的身體也有一點像植物的莖，而蝴蝶長長的觸鬚，看起來就像是雄蕊。你可以試試看用花的各部位來做出一隻蝴蝶。

如果只看已經成長的花朵和已經成長的蝴蝶，我們還是無法看出兩者有多麼相似。但是，當我們去了解花跟蝴蝶的成長過程，我們就會知道花和蝴蝶是多麼的相似。植物從一顆種子開始。從種子冒出來綠色的芽（綠色的莖，綠色的葉子）。接下來是花苞，就是小小綠色的殼，這時似乎花將不再成長。然後，花苞會打開，綻放出鮮豔的花朵。

蝴蝶從一顆卵開始。卵就像植物的種子，跟種子一樣需要陽光去「孵」出來。接下來牠會變成毛毛蟲，像植物一樣地快速長大。毛毛蟲吃綠色植物的葉子，牠就像是綠色的植物一樣。

花就是握在手中的蝴蝶，是生長在地上的蝴蝶。或者可以説蝴蝶是一朵花，是一朵自由的花，可以在空中飛舞。

　　過了一段時間之後，毛毛蟲停止生長並且做了一件非常奇怪的事：牠把自己關在殼中，這是一層又細又薄的殼，叫做「蛹」，然後會有一段時間沒有發生任何事情。當然，蛹就像花苞一樣，就像是還沒打開的花萼。最後這個「殼」會打開，但是出來的不是毛毛蟲，而是一隻蝴蝶，就像美麗的花從花萼中出來一樣。

　　花──蝴蝶
　　花苞──蛹
　　綠色植物──毛毛蟲
　　種子──蛋

　　我們可以說花就是握在手中的蝴蝶，是生長在地上的蝴蝶。或者可以說蝴蝶是一朵花，是一朵自由的花，可以在空中飛舞。
　　現在你知道植物從種子到花朵的變化，這就好比是生長在地上的蝴蝶。然後你就會明白為什麼花與蝴蝶會彼此需要；蝴蝶追求著花，花也愛著蝴蝶，並且提供花蜜給蝴蝶。而你也會了解兩者是多麼的相似。花與蝴蝶就像是兩個光的孩子：一個生長在大地上，而另一個自由地在光和空氣中飛舞。

Chapter 15

重生的神奇──
毛毛蟲和蝴蝶

花和蝴蝶都是光的孩子，牠們喜愛光。在陰暗、潮濕的天氣中，很多花會闔上花瓣，而花的「好姐妹」蝴蝶也躲了起來。

蝴蝶、蛾和許多其他的昆蟲都非常喜愛光，甚至付出生命。在夏天的晚上，光會吸引各種昆蟲。假如你仔細觀察，你會看到昆蟲朝著光飛去，卻撞上了電燈泡。

太陽將毛毛蟲從蛋中孵出來，毛毛蟲也愛光；喜歡太陽的光。假如毛毛蟲可以飛，牠一定會飛向太陽，就像昆蟲飛向你房間裡的燈光一樣。

但是毛毛蟲無法飛向太陽，牠沒有翅膀，就算有了翅膀，太陽的距離也太遠了。所以毛毛蟲做了別的事情：毛毛蟲從自己身上吐出細絲，在陽光下編織。這些絲形成了蛹的屏障，也就是繭。繭是毛毛蟲在陽光下製造出的精細絲線。

當繭完成之後，毛毛蟲就完全地改變了。毛毛蟲死掉了，消失了，留下的只是一個殼，也就是蛹。但是藉著太陽的力量，神奇的事情發生了，蝴蝶從蛹裡面誕生。毛毛蟲死了，卻重生成為了蝴蝶。

毛毛蟲不是非常漂亮的生物，牠看起來像是毛茸茸的蟲，但醜陋毛毛蟲放棄了牠的生命；放棄了牠的身體，變成一具死掉的殼。蝴蝶就是從這個死去的殼中重生，成為美麗又能飛行的光之子。毛茸茸的蟲死了，重生成為燦爛的蝴蝶。

上帝創造像毛毛蟲這樣奇怪的生物是有原因的。上帝透過大自然對我們訴說祂無限的智慧。上帝要藉由毛毛蟲的死去並重生為蝴蝶來告訴我們一些事。

所有的人類都會死。所有人有一天都會像毛毛蟲一樣死去，變成無生命的空殼。但是就像燦爛的蝴蝶從蛹中重生一樣，我們也會在上

帝天上的國度重生為靈魂。當然，我們在天堂的靈魂並不會看起來跟飛舞的蝴蝶一樣，蝴蝶只是上帝對我們啟示的意象。

　　當上帝創造蝴蝶時，心裡想著：「地上的人們會因為深愛的人死了而感到悲傷，我會展現給他們看，毛毛蟲死了，卻會重生為美麗的蝴蝶。這會讓人們知道要振作起來，死亡不是終點。就像燦爛的蝴蝶從毛毛蟲的死亡中重生，你也會在死後重生為美麗的靈魂。」

　　就像植物和蝴蝶一樣，在大自然中觀察到的事物，可以幫助我們更了解自己。上帝創造這些東西的用意，就是讓我們能從中學習關於自己的事情。毛毛蟲和蝴蝶被創造的用意，是讓我們了解死去的時候，我們會重生成為靈魂。

毛毛蟲死了，卻會重生為美麗的蝴蝶。這會讓人們知道要振作起來，死亡不是終點。就像燦爛的蝴蝶從毛毛蟲的死亡中重生，你也會在死後重生為美麗的靈魂。

Chapter 16

匆匆忙忙長大──
鬱金香

如果你切開鬱金香的球莖，就可以發現鬱金香的小秘密！在接近球莖中心的位置，會有個新形成的小小球莖，這個球莖將會成為明年的鬱金香。這個小球莖就藏在球莖之中。

我們知道開花植物有兩種，一種葉片有平行脈，另一種則為網狀脈，網狀脈看起來像是棵小樹。大部分的平行脈植物在一年之中會較早開花，像松雪草就開得非常早，接著是黃水仙、風信子、水仙花，在年初陽光還不是最強烈的時候，這些花就已經出現了。玫瑰就不一樣了，要到六月太陽較大的時候才會開花。

平行脈植物有著六芒星的花瓣，鬱金香就是屬於這類植物。鬱金香是一年中較早開花的植物，若將鬱金香放在溫暖的房間內生長，甚至可以讓鬱金香在春天之前開花。鬱金香能夠提早開花的原因，是因為鬱金香不需要從種子長大，可直接由球莖成長。

球莖是個非常神奇的東西，有皮革狀的褐色外皮包覆在外，內部則有一層層的白色皮層。球莖最下端是一個扁平的圓盤，圓盤上會長出肉狀根部，這些根部並不堅硬也無法分枝，因為球莖雖然在地下，但仍不算是真正的根。球莖的外皮其實是葉子組成的，這些葉子在地底下無法接觸到陽光，因此是白色而不是綠色，只有陽光才能製造出綠色的葉子。

如果你切開鬱金香的球莖，就可以發現鬱金香的小秘密！在接近球莖中心的位置，會有個新形成的小小球莖，這個球莖將會成為明年的鬱金香，當今年的鬱金香凋零的時候，內部的小球莖已經做好準備接著成為明年的鬱金香，這個小球莖就藏在球莖之中。

所以鬱金香在土壤上是綠色的植物，在土壤下卻是白色的，而在白色的球莖內，還有個準備在明年開花的鬱金香。

當鬱金香在春天成長時，動作真的是「非常快速」。鬱金香等不及要開花，所以只長出簡單而有著平行脈的葉片。

其他的植物會生出萼片，也就是構成花萼的小綠葉，但是鬱金香

沒有時間形成這些東西。剛開始看到鬱金香的花時，會誤以為是花萼，像是花苞上長出了綠葉，但之後這些綠葉會轉成紅色或黃色，最後變成一朵花。所以你會明白，鬱金香是個尚未學會如何分辨綠色萼片及彩色花瓣的植物。

將鬱金香及玫瑰的花瓣拿在手上，鬱金香的花瓣質地豐厚，感覺像是綠色的葉子一樣，而玫瑰的葉片則非常的細緻。鬱金香是個急躁的植物，所以無法像玫瑰一樣形成精緻的花瓣。

鬱金香也會產生果實，但是過程也非常匆忙，只是在種子周圍長出乾燥的莢膜。其他植物會將汁液存入果實之中，而鬱金香則是存入地下的球莖裡，因此要說球莖算是鬱金香的「果實」也不為過，但這種果實並沒有經由陽光而成熟；鬱金香真正的果實是出現在照得到陽光的地方，乾燥而未含汁液。

現在來介紹鬱金香的親戚，與鬱金香屬於同一個家族的植物，這種植物與百合、風信子和黃水仙都屬於同樣的植物家族，但是驕傲又美麗的百合跟鬱金香卻看不起這個可憐的同類，小看了這種植物，這樣是不對的行為！這個可憐的親戚就是洋蔥。

洋蔥沒有像鬱金香一樣漂亮的花朵，洋蔥的花朵小又綠，而且沒有什麼香味，也沒有色彩。溫暖與熱度能夠製造色彩與香氣，洋蔥讓溫暖與熱度進入球莖內，讓香氣保留在葉片及莖中，保留在洋蔥的球莖裡，而不讓洋蔥的花得到香氣。因此你們在切洋蔥的時候才會因為那刺激性的香氣而流下眼淚。

對我們來說，洋蔥是個好朋友，雖然不像那些驕傲的親戚一般美麗，但卻很真誠，在廚房中特別有用。下次你聞到洋蔥的香氣時，要記得這個香味本來可能會跑到花朵及果實上。只有將香氣留在地下，才能成為如此辛烈的味道。

鬱金香等不及要開花，所以只長出簡單而有著平行脈的葉片。它還是個急躁的植物，所以無法像玫瑰一樣形成精緻的花瓣。

【鬱金香】

葉子：簡單，平行脈

球莖：含水量多並在地表之下

根：肉質而沒有分支

花：沒有花萼

春天植物：匆忙快速的開花

Chapter 17

小小傳令官——
種子與子葉

我們將開花植物分成兩類。開花植物從太陽的智慧之光中學習到開花的美妙藝術。有些開花植物像年幼的孩子，只學會了簡單的東西，這些植物的葉子和花朵也十分簡單。

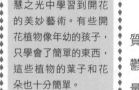

開花植物從太陽的智慧之光中學習到開花的美妙藝術。有些開花植物像年幼的孩子，只學會了簡單的東西，這些植物的葉子和花朵也十分簡單。

鬱金香雖然很美，但只有簡單的葉片跟平行的葉脈。鬱金香花瓣質地豐厚，與三色菫或玫瑰細緻的花瓣相較之下，會顯得有些簡陋。鬱金香是從球莖成長而較早開花的植物，無法等到太陽帶來足夠的能量及溫暖。

簡單的植物與完整的植物，這兩種類別還有另一個不同點。為了了解這個差異，我們得先觀察種子的成長。

如果你看著一顆小小的種子，很難看出這顆種子會長出什麼植物，除非你已經知道植物種子來自何處。就像是一本你未曾讀過的小書，除非有人已經告訴你這本書的內容，不然你是不會知道的。陽光、泥土、水分、空氣會打開這本小書，讓你知道其中的內容。

想像你已經知道種子會生出何種植物，而且你希望這種植物能在你的花園裡生長。首先你必須確保小種子有好的生長環境。若你種下種子的土地附近有雜草，那麼從種子中誕生的小植物就會無法適當的生長，得先清除雜草才行。

然後你必須挖掘土壤，讓種子周圍的土壤較為疏鬆，若是土壤太堅硬，種子則無法生長。對於某些孩子來說，在他們的心靈準備好接收種子之前，得先挖掘土壤。另外一件需要記住的事就是要在正確的時間播種。花園裡不同的花有著不同的播種時間。當然，春天的花朵必須比秋天的花朵更早播種。園丁會知道每一種花最好的播種時間。

幾千年來，人們藉著播種來獲得花朵跟作物，從古老的波斯便開始了。在古時候，人們便發現了月亮對植物的生長有所影響。不僅只

是陽光、泥土、水分和空氣，連月亮也會影響植物的生長。

　　人們發現到，植物在滿月前三天播種，植物會長得又好又快，也較為強壯，比起其他時間播種都好。最好的播種時間是在滿月前三天，當月亮漸圓的時候。

　　在我們身處的現代，漸圓的月亮能幫助植物生長，這樣的知識已經被人們所遺忘，許多人不知道或者是不相信這些事情。但是懂得這些事情的人就會在正確的時間播種，他們會獲得比較好的收穫；他們的植物可以長得又快又好。

　　種子種植在土地裡，經過適當的澆水和陽光的照射，這時種子會開始腫脹，就好像吸了水的海綿一樣，水加得愈多就愈大。之後，小根從種子中向下生長，而小葉子則朝陽光向上長出。

　　首先長出的小葉子，是從種子內長出的葉片，這些葉子跟後來長出的葉子大不相同，有時是蛋形或是心形。以前當國王要進城的時候，傳令官會最先抵達。傳令官會對人們宣佈說：「國王駕到！國王駕到！」然後國王就會在傳令官宣佈後出現。傳令官為國王開路。這小葉片來自於種子，從種子中長出的葉片就像是傳令官，從土中冒出，替真正的葉子開路，也為了將來的花朵開路。這些從種子長出的葉片；這種擔任傳令官的葉片，在植物學中叫做子葉。而植物真正的葉片是從莖上生長，並非來自種子。

　　現在我們來看那兩種介紹過的植物類別：有著平行脈的開花植物和有著網狀脈的開花植物。這兩種植物的傳令官葉子也有所不同。有著簡單葉片的平行脈植物只有一位傳令官，種子只會長出一片子葉（植物學上稱作單子葉植物）。而葉片有著網狀脈的完整植物，種子會長出兩位傳令官，有兩片子葉（植物學上稱作雙子葉植物）。

人們便發現了月亮對植物的生長有所影響。植物在滿月前三天播種，植物會長得又好又快，也較為強壯，比起其他時間播種都好。最好的播種時間是在滿月前三天，當月亮漸圓的時候。

Chapter 18

花朵的「王后」——
玫瑰

花

和開花植物有許多種類，就算我們整個學期都在介紹不同的植物種類，也仍然介紹不完。

我們已經學過了鬱金香，因為這是一種美麗的花，大家都知道也都看過。鬱金香屬於某種開花植物的族群（這個族群像是年幼的孩子），這個植物族群有平行葉脈的葉子，而且只有一片子葉。

另一種類型是更完整的植物，有網狀的葉脈，而且有兩片子葉。我們將要介紹另一種大家都知道的美麗花朵──玫瑰。

人們總是稱呼玫瑰為花朵的「王后」，因為其他的植物沒有這樣美麗的花瓣，也沒有這樣甜蜜的香氣。為什麼我們會說某些人：他們有「玫瑰般」的臉頰、他們的臉頰「像玫瑰一樣」？「玫瑰般」的臉頰是怎麼來的？玫瑰般的臉頰是因為血液在皮膚下流動。當我們奔跑時，血液流動得很快，而我們就有了「玫瑰般」的臉頰，因為血液就是紅玫瑰般的顏色。

玫瑰類的植物不像鬱金香那麼著急。玫瑰並不急著開花，不會在春天出現；而是出現在夏天太陽高照的時候，在陽光和溫暖最為強烈的時候。

玫瑰類植物很照顧自己的葉子。每片葉子都是「網狀葉脈」，而且每片葉子有小小的鋸齒邊，這些小葉子聚集在同一根莖上，看起來就像是一片大葉子。你通常會發現一根莖上會長有七片葉子，形成了一片大葉子。玫瑰的葉子與鬱金香簡單而直邊的葉子很不一樣！

玫瑰不只喜愛太陽，玫瑰也同樣地喜愛大地。玫瑰將堅硬、強壯的根深入大地之中，而且每條根都有分支，這些分支還會分開成更小的分支。這些根就好像是一棵從玫瑰往土裡生長的小樹，而且是倒著生長的一棵樹。想想看這與鬱金香有何不同，鬱金香只有從球莖中長

出直、細的根。鬱金香開花是如此地急促，還沒有完全以大地為家，僅只是與大地接觸而已。鬱金香像是一個用腳尖跑步的人，而玫瑰像是用堅穩步伐走路的人。

　　除了根之外，你還可以找到玫瑰喜愛著大地的其他證明。你知道樹的木頭其實是大地的一部分，樹幹就像是大地往上伸展。玫瑰是一種「木本植物」。玫瑰就像是大地往上延伸，有著木質的枝幹，因此我們將玫瑰稱之為木本植物，還不完全算是樹。

　　玫瑰的枝不只朝著光生長，枝幹末端也會向著大地低頭，形成一個弧形。這與鬱金香大不相同；鬱金香的莖沒有時間去形成強壯的木頭，鬱金香完全沒有木質的部分，毫不關心大地，而且鬱金香的莖直直向上，朝向光而遠離大地。

　　所以你現在明白玫瑰展現出對大地的喜愛，而玫瑰的花朵也顯示出玫瑰是太陽的可愛孩子。鬱金香將花萼跟花搞混了，花萼最後變成了花朵。玫瑰不會發生這種事，玫瑰綠色的萼片與花瓣完全不一樣，這些萼片緊密的靠在一起，形成了一個殼，就好像是蝴蝶的蛹，而玫瑰的花瓣就在殼中誕生，就像蝴蝶從蛹中出生一樣。

　　鬱金香、百合、風信子、水仙等等這個家族的花，對於大地較不關心，這些花有著六芒星的花瓣。但是玫瑰喜愛大地，而且有著五芒星的花瓣。像野薔薇這樣野生的玫瑰有著五片花瓣，花園裡的玫瑰則

找找看！玫瑰的花瓣掉落之後，會剩下五片萼片組成的花萼，再次地變成五芒星的形狀。這五片花萼有一個秘密，讓我來告訴你這個秘密。在花瓣凋謝之後剩下來的萼片當中，有些萼片會長著小小的鬍。

玫瑰的萼片（從下面算起來，從莖朝著花數）前面兩片的兩邊都有「鬍」，第三片只有一邊有，而第四和第五片沒有「鬍」。

有超過五片的花瓣，但是假如你細數花園玫瑰的花瓣，你將會發現花瓣的數目總是可以被等分為五。玫瑰也總是五的倍數！

當玫瑰的花瓣掉落之後，會剩下由五片萼片組成的花萼，再次地變成五芒星的形狀。這五片花萼有一個秘密，讓我來告訴你這個秘密。在花瓣凋謝之後剩下來的萼片當中，有些萼片會長著小小的鬚。

讓我們繞著像是五芒星的花萼來看，第一片和第二片在兩邊都有鬚，第三片只有一邊有鬚。第四片和第五片則沒有鬚。

所以，玫瑰喜愛太陽和大地，忠誠地對待太陽和大地，有著五芒星的形狀，而鬱金香和百合則是屬於六芒星的形狀。

Chapter 19

來自大地的幫助——
玫瑰家族

玫瑰是同樣喜愛著大地與太陽的植物，因此在玫瑰身上太陽與大地的力量最為和諧。因為太陽與大地在玫瑰中取得了平衡，所以玫瑰是所有植物中最完美的。其他植物也許有更鮮豔的花瓣，也許有更濃郁的氣味，但卻不具備太陽力量與大地力量的完美平衡。

回想古印度時代的人類，他們不在乎地上的生活。印度的聖人沒有努力工作，他們將時間用來禱告，心靈只專注於天堂。飢餓與口渴、冷和熱，還有大地上的生命，對於他們來說都是微不足道的。就像鬱金香、百合還有水仙，只有細的根而沒有木質，這些植物就像是不關心生活的古印度聖人。

但你學過的波斯卻不一樣。太陽神阿胡拉‧馬自達（Ahura Mazda）在夢中向詹姆希德（Jemshid）國王展現一把黃金短劍，而國王領悟到他必須製造出一支好的犁。波斯人喜愛太陽，也喜愛太陽神阿胡拉‧馬自達。但是波斯人也喜愛大地。他們是最早的農夫，是最早種植農作物、花跟水果的人，而且他們改變了大地，為人類創造出家園。

你可以很明白地看出波斯人就像是玫瑰：喜愛太陽也喜愛大地。而且最驚人的事情是：波斯人改變了只有五片花瓣的野玫瑰，變成有著許多花瓣的花園玫瑰，而且沒有人知道他們是如何做到的。今日還沒有人有智慧能把野玫瑰改變成為花園玫瑰。你可以「嫁接」花園玫瑰在野玫瑰的幼莖上，讓野玫瑰變成花園玫瑰，但仍必須先有花園玫瑰這種植物。

玫瑰屬於一個廣大的植物家族。所有的果樹都是屬於這個家族，都是玫瑰家族的一分子，如蘋果、梨子、櫻桃、梅、水蜜桃還有杏，這些植物都屬於玫瑰家族，也都擁有五瓣的花朵。但是玫瑰將所有力

量都給了花朵，所以你在秋天看到的小紅色「玫瑰果」就是野玫瑰的果實。這些玫瑰果不是非常多汁，但人們會用玫瑰果的果汁製造出糖漿，這需要大量的玫瑰果才能得到足夠的汁液。水果樹沒有把所有的力量給了花朵。想想你烘焙蘋果時的芳香！蘋果樹將力量留給了果實，而不是留給花朵，連香氣也給了果實。

所以你看，蘋果也像是一種玫瑰。蘋果說：我不是要用花朵去取悅人們的眼睛，也不是用花瓣的香氣去取悅人們的鼻子，我要為人們做更多；我要用果實多汁新鮮的口感去取悅他們。

要創造出果實，必須要借助大地的力量（你知道子房就是小小的大地），所以蘋果比玫瑰更需要大地的力量。這就是為什麼蘋果需要變成為一棵樹，樹需要更多的木質，所以蘋果比玫瑰需要更多的大地力量。玫瑰將力量留給可愛的花朵，所以保持灌木的樣子，有著細長的木頭莖，但卻只能長出小玫瑰果。蘋果及其他的果樹，需要更多來自大地的幫助，因此這些植物變成了樹。

花園玫瑰、蘋果樹，還有桃子樹等等玫瑰家族的成員，都採用不同的方式帶給我們欣喜與歡樂。而且就像玫瑰來自波斯一樣，這些果樹也是從波斯來的，來自一個人們喜愛太陽也喜愛大地的古老國度。

蘋果花與玫瑰花之間有顯著的差異。蘋果樹要有多汁的果實，因此在花朵中有許多花蜜，讓蜜蜂尋找這香甜的汁液來製造蜂蜜。因此當蘋果樹開花的時候，你可以聽到許多蜜蜂在蒐集花蜜時的嗡嗡聲。玫瑰是一種較為「乾燥」的植物，玫瑰果不是很多汁，而且玫瑰花也沒有提供花蜜給蜜蜂。蜜蜂還是會拜訪玫瑰，因為蜜蜂也需要花粉做為食物，但你在玫瑰園裡看到的蜜蜂絕不會跟蘋果樹旁一樣多。所以，玫瑰將所有的力量用在美麗上，而蘋果和其他的果樹則將大部分的力量用於創造多汁的果實。

> 蘋果說：我不是要用花朵去取悅人們的眼睛，也不是用花瓣的香氣去取悅人們的鼻子，我要為人們做更多；我要用果實多汁新鮮的口感去取悅他們。

Chapter 20

真正的藝術家——
包心甘藍

想想看，有哪些植物
很會喬裝呢？

蘋果與玫瑰不同的地方在於，蘋果將所有的力量送到果實，而玫瑰則是將所有的力量保留給花朵。植物不需要將力量平均分給每個部位，可以讓其中某個部位更強壯一點，其他的部位則是會小一點或微弱一點。舉個例子來說，大黃（rhubarb）所有的力量都送到了莖和葉子；而仙人掌所有的力量則送到了莖。

假使你在鋼琴上彈三個音符，可以把一個音符彈得響亮一點，另外兩個音符彈得柔和一點；或者是將一個音符彈得長一點，其他的音符則彈得短一點。

有一種植物是真正的藝術家，這種植物會把某個部位彈得響亮一點，也就是說，這種植物會把某個部位變得更大更強壯，但有時候也會把其他的部位變得更大更壯。這種植物可以彈奏這麼多種不同的音調，是因為在人類、園丁與農夫的幫助之下，才會發生這樣的情形。如果不是人類的幫助，這種植物便不會有多種不同的形狀；但這種植物必須要很特殊，園丁跟農夫才有辦法在上面動手腳。這種植物有許多不同的形狀，你一開始絕對猜不出是同一種植物。這種植物會用許多方式喬裝自己，讓你想不到是同一種植物，因為這種植物每次都會把力量送給不同的部位。這種植物並不屬於五芒星或六芒星的形狀，而是四芒星，而葉子是呈十字交叉狀。

首先，讓我們再看一次這種植物的所有部分：

1. 花

2. 莖

3. 葉子

4. 根

這種植物可以將所有的力量送到花、莖、葉子或根，每種結果都不一樣。但記住一點：當這種植物演變的時候，一旦這種植物把所有的力量放到根上，一種根部又大又厚的新植物就產生了，而且會一直維持這個樣子，變成了不一樣的植物。在人類的幫助之下，這種植物將所有的力量送到根的時候，所產生的新植物稱之為蕪菁。蕪菁是這種特別植物的一種喬裝，蕪菁就是這種植物把所有的力量送到根部的結果。

　　但是農夫與園丁也幫助這種植物把所有的力量送到莖部，使莖取代了根而長得又肥又圓又厚，結果是變成了另一種新的蔬菜。這種蔬菜在英國並沒有那麼有名，但在歐洲大陸卻和蕪菁一樣常見，這種所有力量都跑到莖部的新蔬菜稱之為莖藍菜，或稱為大頭菜（kohlrabi）。

　　下一種喬裝你們都知道，當所有的力量都進到綠色的葉子，就變成了包心甘藍。包心甘藍與蕪菁原本都是出自於相同的植物。

你曾注意過葉子剛開始成長的地方嗎？植物會在這個地方露出一個小小的點，因為形狀像眼睛，這個小點便稱為「眼」。

　　接著下一種喬裝就是讓所有的力量都進到花裡，但是園丁將這種植物的大綠葉子折開並蓋住大花蕾，因此太陽無法讓這種植物開花，因而使花托長得很龐大。但是你仍然可以在花托上看到許多花蕾。因為太陽無法照到花托，所以花托的顏色是白的，而且軟軟的，這就是花椰菜。真正的名字應該是甘藍菜花，因為這是一種將所有的力量給了花的甘藍菜，也可以說力量是給了花托，而花托也是花的一部分。

　　除此之外還有另一種喬裝。你曾注意過葉子剛開始成長的地方嗎？植物會在這個地方露出一個小小的點，因為形狀像眼睛，這個小點便稱為「眼」。這種特別的植物也可以將所有的力量放到這些「眼」中，放到這些小小葉子的開端，然後小小的包心甘藍就會從每一個「眼」中長出來，這些小小的包心甘藍稱之為布魯塞爾豆芽。

　　這五種不同的蔬菜全都來自於同一種植物，這種植物會在溫暖國家的野地裡生長，叫做野生包心甘藍。上述的蔬菜都是野生包心甘藍的「喬裝」，會變成包心甘藍、花椰菜還是蕪菁，都取決於這植物將力量留給了哪個部位，分別是葉子、花及根部。

Chapter 21

外表粗魯，內心卻很善良──
蕁麻

你已經學過像鬱金香和玫瑰花這類的花朵，我們為了花朵的美麗而種植這些植物，也會為了食用而種植不同品種的甘藍。但我們即將學習的是一種鮮少人喜歡的植物，沒有漂亮的花朵也沒有多汁的果實，更沒有迷人的氣味，但卻是一種好的植物。這種植物就是會刺人的蕁麻。（譯註：蕁麻是蕁麻屬中大約三十至四十五種植物的通用俗稱，廣泛分佈在全球的溫帶和熱帶地區。本地俗稱咬人貓。）

首先，蕁麻是一種堅韌的植物。看看那些花園中的植物，全都需要細心呵護。這些植物需要合宜的土壤、去除雜草、在雨水不足時提供水分。花園裡的植物需要人們的協助，但蕁麻是一種野生植物，可以生長在任何類型的土壤中，即使是最貧瘠的土壤。

蕁麻不僅是一種堅韌的植物，仔細端詳，你甚至可以說蕁麻是美麗的。看看蕁麻葉子所形成的美麗序列。葉子一共有四排，最底部的兩片葉子與第二排的兩片葉子交叉排列，第二排葉子與第三排交叉排列，而第三排又與第四排交叉。每片葉子單獨看也很美，有著尖端的羽狀葉緣。

不過這些美麗的葉片有細「毛」，就是這些毛會刺人。這些「毛」並非是真的毛髮，而是堅硬的刺毛，有點像是碎玻璃。當你觸碰到刺毛時，刺毛會斷裂並刺穿你的皮膚，同時刺毛內的液體滲出，使你的皮膚有灼燒感，這就是被蕁麻刺到的感覺。

蕁麻在我們生活的地區只會帶來微微的刺痛，這刺痛消失得很快，不會造成任何實際上的傷害。但在炎熱的國家或熱帶地區，某些蕁麻的刺痛是非常嚴重的，能讓人不舒服好幾天。因此，我們這裡的蕁麻其實是個好伙伴，不會造成嚴重的傷害。

蕁麻會開出淡紫色的花朵，是小而沒有氣味的花朵，這些花並沒

有辦法吸引昆蟲前來。蕁麻會讓花粉隨風飄走。不過，蕁麻在某方面與你學過的其他植物有所不同。有些蕁麻的花只有雄蕊，沒有雌蕊和子房；而有些蕁麻的花卻只有雌蕊和子房，但沒有雄蕊。因此，雄蕊的花粉是經由風傳遞給只有雌蕊和子房的蕁麻花朵。

蕁麻不會用花朵來吸引蜜蜂、蝴蝶，但卻是某些蝴蝶的好朋友。像紅蛺蝶這類的蝴蝶會將卵留在蕁麻葉上，當卵孵化成毛毛蟲後就食用蕁麻葉為生。蕁麻葉會刺痛我們，卻似乎不會刺痛毛毛蟲。這些毛毛蟲終將變成美麗的紅蛺蝶。不幸的是，當園丁使用除草劑去除蕁麻時，也同時去除了蝴蝶。蕁麻本身雖然沒有美麗的花朵，卻對毛毛蟲很親切，我們可以說：蕁麻產生了蝴蝶這種「會飛的花朵」。

春天時可摘取嫩蕁麻葉煮湯，早期人們更了解植物的療癒力量，他們會給病人喝蕁麻湯，幫助病人恢復強健的身體。這種湯的療效非常好，如果人們願意不厭其煩地採集嫩葉的話，蕁麻湯在現代社會依然很有效。此外，蕁麻纖維也被當成紗線的材料，可以編織出耐穿且溫暖的衣服。

所以，蕁麻確實是一個好伙伴，就像是一個人雖然外表看起來粗魯無禮，但內心卻很善良，會在你需要時伸出援手。

仔細端詳，你甚至可以說蕁麻是美麗的。看看蕁麻葉子所形成的美麗序列。葉子一共有四排，最底部的兩片葉子與第二排的兩片葉子交叉排列，第二排葉子與第三排交叉排列，而第三排又與第四排交叉。

Chapter 22

樹林中的國王──
橡樹

> 樹的根部可以保護珍貴的土壤，雨水會沖刷土壤，大部分的土壤會隨著河與小溪流到海中，所以樹木是土壤的保護者。但是，樹木不僅是保護土壤而已，落葉亦有助於產生新的土壤。

你已經在地理學中了解樹木的重要性。例如：對北歐的國家而言，森林是人們財富的來源，因為樹木可以提供木材做為建築、家具、包裝用木箱、造紙或火柴棒等。為了取得木材，時常需要砍伐一整片森林。你也了解樹木和森林還有其他的重要性，若人們砍伐森林卻未重新種植樹木，人們將會為此付出慘痛的代價。像在南美洲、非洲和亞洲有廣大的荒蕪土地，如果人們沒有將所有的樹木砍伐光的話，他們仍然會有肥沃的土壤。樹的根部可以保護珍貴的土壤，雨水會沖刷土壤，大部分的土壤會隨著河與小溪流到海中，所以樹木是土壤的保護者。但是，樹木不僅是保護土壤而已，落葉亦有助於產生新的土壤。隨著時間的推移，樹葉腐化成為肥沃的土壤。

在古代凱爾特（Celtic）民族❶有著德魯伊智者（Druids）的時期。人們尊崇森林，對森林懷抱敬畏之心。他們認為由地面升起的森林，由綠葉、樹枝所構成的「屋頂」，遠勝過大理石柱所建成的神殿。這就是為什麼他們在森林空地中敬拜神，大片的森林曾經覆蓋著大不列顛島，但目前已經所剩無幾。德魯伊對森林中的某種樹木非常崇敬，那就是橡樹。德魯伊智者的名字就是源自於橡樹，drus或drys就是橡樹的意思（在希臘語中，drys也是橡樹），而「德魯伊」的意思就是像橡樹的人。

橡樹無疑是一種力量的象徵。木質很硬，樹枝多節且粗厚，有著深綠色的葉子。試想樹幹細長的樺樹和強壯的橡樹有多麼地不同。樺

---

❶凱爾特人〈拉丁文：Celtae或Galli，希臘文：Keltoi〉是西元前2000年在中歐一些有著共同的文化和語言特質的民族之統稱。今天凱爾特主要指不列顛群島、法國布列塔尼地區，語言和文化上與古代凱爾特人存在共同點的族群。

樹在年輕時期看起來最秀美動人，但橡樹則是愈老愈美、愈顯得雄偉。橡樹確實可以活得很久，時常能活到兩百歲。在諾曼第的阿隆維爾（Allonville），有著六十英尺高，三十英尺粗的橡樹，具有千年的歷史。

橡樹是一種生長緩慢的樹，像是一個做事情不匆忙、不草率的人，像是一個認真做好每件事的人。若一個人想要像橡樹般強壯又堅定，就不能期待會有彩色花瓣的花朵，這樣的花與橡樹不搭襯。

橡樹雄壯的主幹和堅硬、強壯的木質並不是快速形成的。橡樹是一種生長緩慢的樹，像是一個做事情不匆忙、不草率的人，像是一個認真做好每件事的人，像是一個穩定工作、緩慢又徹底的人。

春天，當其他樹木都已經披上新的綠葉，橡樹的樹枝仍是光禿禿的，橡樹慢條斯理，新葉出現的時間比其他樹種來得遲。但是橡樹保有樹葉的時間也比大多數的樹木久。在秋季，當其他樹木失去了樹葉，橡樹仍然保有葉子，雖然葉子已轉為棕色、變得乾燥，你仍可以聽到橡樹葉子在風中沙沙作響。

橡樹長出葉子的時機很晚，以至於橡樹的花朵與葉子會在春天後期同時出現。但是橡樹需經過三十年的成長才能開花。前三十年裡，橡樹只有樹葉，沒有花。

若一個人想要像橡樹般強壯又堅定，就不能期待會有彩色花瓣的花朵，這樣的花與橡樹不搭襯。這就好像老鷹學畫眉鳥一般歌唱，或者學麻雀嘰嘰喳喳一樣奇怪。橡樹的花朵是微小的荑莢花序，這些花很不起眼。橡樹不會產生任何甜美果實，這不符合橡樹充滿力量的風格。橡樹的果實是橡子，長在樹上的小杯子裡。

橡子雖然很小，卻不是一種會被風吹散的種子。橡子會落在樹下。這些掉落在樹下的橡子不會長成新的樹，已經萌芽的種子仍需要陽光才能開始生長，而老樹的樹葉只讓些許陽光通過，不足以讓樹蔭下的種子長成一株新的樹。

那麼新的橡樹是如何生長的？有種大型的鳥喜歡橡子，牠有

著淺棕色和白色的羽毛，黑白色的翅膀及尾巴，牠的名稱是松鴉（jay）。松鴉想吃掉所有在秋季找到的橡子，但橡子的數量多到松鴉沒有辦法全部吃完，可是牠又不想錯失任何一個橡子，所以牠帶走大量的橡子，當牠找到了合適的位置時，便用嘴在地上挖一個洞，將一顆橡子放進洞裡，並用土蓋起來。松鴉會將找到的所有橡子都藏起來。之後牠會回來挖取埋在地下的橡子，但總是會漏掉一些，到了明年春天，新的小橡樹芽就四處冒了出來。因此，松鴉有助於新的橡樹生長。

強壯的橡樹沒有漂亮的花或甜美的果實，但是橡樹偶爾會展現出甜美的一面。同樣地，有時一個人看似強硬又粗野，但在粗野的外表之下，當你更了解這個人的時候，就知道他有一顆溫柔的心，只會在特殊的時刻展現出來。

有一種特殊的蜂稱為癭蜂（gall wasp）。癭蜂會用針在橡樹葉上刺洞，然後在樹葉上的孔洞裡產卵，之後就飛走了。癭蜂將子女留給橡樹照顧。強壯又堅硬的樹這時變成了溫柔的保護者，保護著由卵產生的微小幼蟲。橡樹葉會在每個小幼蟲周圍長出如櫻桃般大小的小空心球，你經常可以在橡樹葉上看到這些球（又稱為蟲癭蘋果：gall-apples）。這些綠色的小球內有蜜汁，幼蟲就是吃這些甜汁維生，直到牠長大成為可以飛行的癭蜂。所以我們可以說，橡樹有兩種果實：橡子以及為癭蜂幼蟲所生出的蟲癭蘋果。這看起來像顆小球的蟲癭蘋果內有蜜汁，但也含有帶著苦味的汁液，這種帶苦味的汁液可用於鞣製皮革。用蟲癭蘋果的汁液處理可以讓獸皮保持柔軟。

德魯伊認為橡樹是特別的樹木是很有道理的。對橡樹而言，唯一的果實是橡子，但是為了小昆蟲，橡樹會長出內有蜜汁的蟲癭蘋果。

松鴉想吃掉所有在秋季找到的橡子，但沒有辦法全部吃完，所以牠帶走大量的橡子，找到了合適的位置時，便用嘴在地上挖一個洞，將一顆橡子放進洞裡，並用土蓋起來。松鴉將橡子藏起來之後會回來挖取，但總是會漏掉一些，到了明年春天，新的小橡樹芽就四處冒了出來。

Chapter 23
樹林中的女王──
樺樹

你可以將橡樹視為樹林中的國王，因為橡樹強大而有力。而樺樹則是最優美雅緻的樹，是樹林中的女王。讓我們比較樺樹與橡樹的樹幹。你可以很清楚地看到，橡樹挺立的主幹是為了抵擋風。相較之下，樺樹細長、柔軟的軀幹則是為了隨風擺動，樺樹與風為友、與風共舞。橡樹的樹皮粗糙且暗沉，樺樹的樹皮光滑、色白而帶有黑條。

橡樹的樹葉是簡單的圓弧形，顯得有點笨拙。樺樹的葉子則為三角狀並帶有鋸齒邊緣，樺樹的葉子是淺綠色，像是在風中飄揚的小旗子。在秋天，樺樹的葉子則會變成有黃金般光澤的黃色。

如果你觀察像栗樹（chestnut）和橡樹這類雄偉的樹木，這些樹有一個真正的王冠。樹冠是樹幹上方高聳而出的部分，這個王冠是由主幹延伸出來的強壯的樹枝與上面長出的小樹枝共同形成。但樺樹則不一樣。細而彎曲的樹枝從筆直的樺樹主幹長出，樺樹說：「我不想要用強壯的樹枝來與風對抗，我要用細薄、柔軟的肢體來隨風搖擺。」因此，樺樹並沒有真正的王冠。

樺樹是充滿了青春朝氣的樹，是一種年輕的樹，不會像橡樹一樣活得非常久。通常樺樹大約可以活一百年，不會再更久了。樺樹與橡樹有一個共同點，這兩種樹都沒有帶著彩色花瓣的美麗花朵。樺樹的花也很小，形成荑花序（catkin，譯註：花序軸上生單性的無柄或具短柄的小花。雄花大多柔軟下垂，開花後整個花序脫落，如楓楊）。在春季時，這些荑花序從樹枝下垂的樣子像是彩帶。但是從荑花序生長出的種子和橡樹飽滿的橡子有很大的不同。樺樹的種子十分微小，你要靠得很近才看得到，或者要使用放大鏡，你會發現每一顆微小的樺樹種子都長著翅膀，這些微小的、有翅膀的種子很容易被風吹到遠方。所以你看，風和樺樹是真正的好朋友，樺樹不需要鳥

你看，風和樺樹是真正的好朋友，樺樹不需要鳥類幫忙散佈種子，好朋友「風」會帶著有翅膀的小種子在空中飛行。

類幫忙散佈種子，好朋友「風」會帶著有翅膀的小種子在空中飛行。

　　葇荑花序上的小小花朵沒有香味，微小的種子也沒有甜味，像樺樹這樣友善又可愛的樹竟然沒有香甜的味道，這似乎有些令人失望。但其實樺樹是有甜味的。

　　五月的時候，如果你在樺樹的樹皮上挖一個小洞，將管子或吸管插進洞裡，很快地，樹汁便會從樹中流出，樺樹的樹汁有著美妙的甜味。你會明白樺樹的甜味並不在花或種子裡，而是將甜味保留在樹皮下，傳遞至樹枝和樹葉。

　　樺樹的甜蜜汁液是很好的滋補品。如果人們疲倦勞累，樺樹的汁液將帶給人們新的力量。這並不出人意料，因為樺樹是年輕的樹，因此，樺樹的汁液能使老人、疲累的人感到更年輕、更加精力充沛。

　　樺樹不僅是年輕的樹，也是有用的樹。樺樹的木質是軟的，將這種軟木材鋸成薄片，再用膠粘合在一起，就成了結實又有彈性的夾板。芬蘭有許多大型的伐木廠和製造廠，藉著生產樺樹木材而受益，而銀樺樹就是芬蘭的國樹。

　　樺樹的樹皮非常光滑，可以隔離水分，北美原住民知道這一點，所以他們會使用樺樹樹皮製作獨木舟。他們做的樺木船重量很輕，能夠輕易地從一條河搬到下一條河。這種木材也可用於家具和地板。

> 樺樹要求的不多，不需要良好的土壤，不要求很多溫暖的陽光。就像是一位美麗而善良的人，不會因此自豪、不引人注目，謙虛、樸素且容易滿足。

　　這種美麗的樹有著很多用途，卻要求的不多。樺樹可以生長在貧瘠的土壤上，比驕傲的橡樹更能適應嚴酷的氣候和寒冷冬季的冰雪。這就是為什麼在斯堪的納維亞半島、在遙遠的北方的挪威、瑞典和芬蘭沒有橡樹，而全部都是樺樹樹林。這些樺樹森林十分茂密，瘦長的樹木群聚在一起生長，而且非常靠近，使得樺樹林很難穿越。但即使是樺樹，也無法在遙遠的北方生長。在北極圈，你找不到細長的樺樹，只會看到漂亮的小樹叢，大約只有膝蓋的高度，樹葉約一公分

（半英寸）大。這種小樹叢也是一種樺樹，稱為矮樺樹。在春天，當葇荑花序懸掛在矮樺樹的樹枝上的時候，你就會認出這種樹是我們樹林的女王樺樹的姐妹。

樺樹要求的不多，不需要良好的土壤，不要求很多溫暖的陽光。就像是一位美麗而善良的人，不會因此自豪、不引人注目，謙虛、樸素且容易滿足。

Chapter 24

高大的男人——
棕櫚樹

植

物的根屬於大地，並熱愛大地，根往下成長。根始終背向著光成長，因為根喜歡黑暗，喜歡被大地之母覆蓋著。而花則朝向光，向陽光打開花瓣，並從光中獲得可愛的顏色和香味。綠色的葉子和莖則是介於兩者之間：就像是你用水彩混合明亮的黃色和暗沉的藍色，所以綠葉和莖是處於「喜愛太陽的花」和「喜愛大地的根」之間。整株植物是屬於太陽和大地的。大地是植物的母親，而太陽則是父親。植物用開花顯示對太陽父親的愛，根部顯示了對大地之母的愛，綠葉和莖則是對父母的愛。

但是世界上的植物都不盡相同。在炎熱的國家，太陽的熱度和光很強烈，花朵大而豐富多彩，植物都面對著太陽，葉子大、莖也很高大，樹幹愈長愈高。但你再往北走，植物便開始縮小，花朵變小、莖和樹幹變短了。在北極這樣遙遠的北方，樺樹變成了矮樺樹，像是個堅守著大地的小矮人。

因此我們可以說：在赤道熱帶地區，整個植物世界變得愈來愈像花朵，若到了北方寒冷的土地，與根愈來愈相似。有了這種想法，我們就可以理解熱帶地區的樹木，例如棕櫚樹。

棕櫚樹看起來是如此地與眾不同，樹幹筆直，沒有任何分枝。棕櫚樹直直向上對著光生長，葉子在最頂端。棕櫚樹的葉子之所以這麼大，是因為棕櫚樹把其他樹分給樹枝的力量給了葉子。這種葉子真的很大，以屬於棕櫚樹的椰子樹來說，葉子的長度可長達五公尺（十五英尺），是一個男人的兩倍高。但是葉子長得很高，所以看起來並不如實際上的巨大。葉子長得高，是因為椰子樹能長到三十公尺的高度（一百英尺）。這些大葉子並不只是寬大的葉片，而是羽毛狀的，很像蕨類植物。

植物用開花顯示對太陽父親的愛，根部顯示了對大地之母的愛，綠葉和莖則是對父母的愛。

不同地區跟不同氣候下有著許多種類的棕櫚樹。椰子樹喜歡海岸，讓海邊潮濕的空氣吹拂著葉子。椰子樹的果實「椰子」，有時會落入大海，可以等上六個月才開始萌芽。海水經常攜帶椰子到另一個島嶼或海岸上萌芽。因此在如非洲、印度和南美等溫暖地方的沿海地區，都可以發現椰子樹的蹤跡。

椰子樹的果實「椰子」，有時會落入大海，可以等上六個月才開始萌芽。海水經常攜帶椰子到另一個島嶼或海岸上萌芽。因此在如非洲、印度和南美等溫暖地方的沿海地區，都可以發現椰子樹的蹤跡。

在我們熟悉的水果中，蘋果可於果核找到種子，櫻桃內可找到如石頭般堅硬的種子。椰子是一種很大的水果，你必須更仔細地尋找種子。在椰子堅硬的外殼上，你會看到三個點，當你剖開硬殼，會看到一層棕色表皮。在此表皮下是白色的椰子「果肉」，在果肉內則是眾所周知的「椰子汁」。但是，果肉和汁液只是為了養活種子，讓種子長大茁壯直到能長出外殼，長成一棵高大、強壯的棕櫚樹。種子最初相當小，看起來像一顆又小又軟的冷杉毬果，你可以在外殼三個點的下方發現椰子的種子。這個小毬果會慢慢吸收汁液、果肉，並長大茁壯，生長出小綠葉。之後便開始有力量成長為一棵大樹。

我們認為椰子是一種食物，但對非洲和印度人民而言，椰子有更多的用途。

當椰子自椰子樹上採下時有著光滑的外皮，呈綠色或褐色。在外皮下，你會發現粗糙、絨狀的毛髮，這叫做「椰殼纖維」，在椰殼纖維底下就是椰子的硬殼。這種粗糙的毛髮可用來做墊子和蚊帳；而巨大的葉子可做為小屋的屋頂；像是「羽毛」的條狀葉片可交織編成簍子；中間的葉子主脈可製成堅韌的繩索。新長出的嫩葉可當成美味蔬菜，棕櫚樹的樹汁放置數月能成為甜蜜的棕櫚酒。當然還有木材可用於建築。

椰子還有一個最重要的用途。在非洲熱帶地區、印度、南美，特別是在太平洋島嶼，這些地方有大型的椰子農場，這些農場會取出椰

椰子是一種很大的水果，你必須更仔細地尋找種子。在椰子堅硬的外殼上，你會看到三個點，在下方可以找到椰子的種子。

肉在陽光下乾燥。這稱為乾椰肉，氣味不佳，聞起來像變質的油。白色乾椰肉當中有油脂。將乾椰肉放入壓榨機中可壓出油來。好的椰子油會被用來製作人造奶油，次級的椰子油會用於製造肥皂和化妝品。我們用的肥皂通常都含有椰子油。所以這種高大的熱帶椰子樹對我們來說很重要。

Chapter 25

用糖分給予祝福──
茶、糖與咖啡

除了椰子樹是來自於遙遠的熱帶國度，也有其他植物生長於外國，卻出現在我們的日常生活中。讓我們來介紹茶，這是一種大家習慣在早上飲用的飲料。

你只知道茶是小而乾的葉子，你很難想像這些葉子是來自於什麼樣的植物。茶葉是真正的樹，首先發現茶葉可以製成好喝飲料的是中國人。經過長期修剪茶樹的嫩枝，以至於茶樹的高度都不會高於一公尺（三英尺）。因此茶園就是一大片的樹叢。每個茶樹叢相隔的距離略超過一公尺（約四英尺）。有人可能會說，茶樹與花園裡常見的山茶花是同類。如同山茶花有著紅色或白色一般，茶樹也會綻放出白色或粉紅色的花朵，這些花朵後來會成為圓形的果實。但是種植茶並非是為了茶的花瓣或果實，而是為了茶的葉子。並非所有的茶葉都能用，只有在新芽頂端的嬌嫩小葉可用於製茶。這些小葉子往往由婦女們採摘。在一座大茶園裡，可能有五、六百位婦女背著大籃子穿梭在一排排的茶叢中，將新生的嫩芽採收入籃內。這好幾百籃的小綠葉會在特別的棚子裡經過滾動、烘焙，經過這些特殊的步驟，讓茶葉有著獨特的味道和氣味。在發酵的階段，葉子會轉變成黑色或深褐色。

中國人首先發現，茶具有刺激作用，茶會使你更清醒，也更加健談。大約一千年前，只有中國皇帝與有智慧的朝臣會喝茶，因為他們認為茶會使談話變得有內涵，而不是閒聊。很快地，所有的中國人都開始喝茶了。

為什麼茶會使人們更加地清醒和健談呢？

因為茶葉裡含有一種藥物、只有微弱毒性，但仍然是種毒藥。這種藥物有刺激的作用，但健康的身體足以應付這一點點的毒性，所以人們並不介意茶葉當中微弱的毒性。現今，我們喝的茶不僅來自中

這是非常有趣的事。幾乎所有的植物都會產生甜味或糖分。蜜蜂自花朵採集而來的蜂蜜也是一種糖。蘋果、柑橘、香蕉等水果之所以會有甜味，也是因為其中含有糖分。

國，也有來自斯里蘭卡、印尼、肯亞，以及印度大吉嶺。所以當你喝茶時，想像一下那些彎腰駝背，在茶園裡工作一整天的婦女。

我們喝的茶是來自於一種生長在東方的植物。但是我們加在茶裡的糖，卻是來自於另一頭的西方世界。糖來自於牙買加的島嶼，是在美洲沿岸偏遠的地區。你們大都看過蘆葦或燈心草，它們生長在河流、湖泊或運河的沿岸，有著長而空心的莖桿和硬直而尖的葉子。而甘蔗看起來就有點像燈心草。

這是非常有趣的事。幾乎所有的植物都會產生甜味或糖分。蜜蜂自花朵採集而來的蜂蜜也是一種糖。蘋果、柑橘、香蕉等水果之所以會有甜味，也是因為其中含有糖分。有一些植物會在花（花蜜）或是果實中產生糖分，來自於花與果實的糖對人的身體是最好的，這是我們最容易消化的糖分。這種糖分有一個特別的名字：葡萄糖，又稱為果糖，也就是水果中的糖分。

有些植物並不會讓糖分來到花朵，讓陽光可以作用，並給予糖分祝福。如橡樹和樺樹會將糖保存在較低的地方，像是莖上或葉子上。甘蔗也是如此，甘蔗將甜味保存於莖桿之內，而沒有進入花或果實。你可以說甘蔗是一種比較自私的植物，把糖留給了自己。若糖分是在花或果實之內，植物會把這些糖送出去。蔗糖是屬於第二種糖，不像果糖一樣容易消化，也不如果糖一樣對我們有益。還有一種植物把糖保存於更低的根的位置，紅蘿蔔的甜味便是來自於此。甜菜是一種根菜類，也會被用於製糖，這種植物的根部滿是糖分。比起其他種類的糖而言，從根菜類跟甜菜取得的糖，不容易消化且對人體沒有益處。

但是水果的糖分不夠，不足應付世上所需，因此來自於甘蔗的糖分就成了其次的最佳選擇。但還有很多的國家只有甜菜糖，也就是從根部取得的糖。

在牙買加，農場也種植甘蔗。甘蔗會長到超過一個男人三倍以上的高度，約六、七公尺（二十英尺）。這些高大的植物長得很密，以至於你無法在甘蔗之間穿梭，就像是高大的牧草或燈心草森林，蔗桿之間的葉子讓你無法穿梭於其間。當甘蔗長得夠高時，農場中會發生不可思議的事：甘蔗會被放火焚燒。然而並非一切都會被燒成灰燼，當火勢熄滅後，只有葉子會被燒掉，主莖仍然留了下來。這時工人們會帶著如同短劍般的長灌木刀前來，這些工人通常是強壯的男人，他們會砍下長長的蔗桿。這些被稱為甘蔗的長桿子會被帶到工廠，用沉重的滾筒壓榨出一種甜甜的、黃色的、帶著刺激氣味的液體。這就是甘蔗的蜜汁，接下來會被煮成濃濃的糖漿。機器從糖漿中提煉出糖的結晶，留下來的東西就是糖蜜。

糖提煉出來的結晶是淡黃褐色的，這是糖的自然顏色。像紅糖就保留著自然的顏色。白糖需要用化學物品製造，因此紅糖是最天然的糖。

雖然我們使用的糖是來自於牙買加，但這不是糖類作物真正的家鄉。甘蔗源自於印度，所以當你在茶中加糖時，你是將兩種源自於印度跟亞洲的植物混合在了一起。

咖啡是一種小樹，生長於在非洲、阿拉伯半島、印度和中美洲部分地區。咖啡樹的果實看起來像紅色漿果。漿果內有兩個種子，這些種子就是咖啡豆。種子本來是綠色的，一旦經過烘烤，就會變成咖啡色並且有了風味。

還有一種植物對我們很重要，卻不是食物。這種植物就是棉花樹。棉花樹生長於熱帶國家，例如印度、非洲、美洲。棉花樹是一種有著長葉子的灌木，和生長於英國的蜀葵屬於同類。棉花樹有著紅色或黃色的花朵，並從花朵上長出稱之為蒴果的球狀綠色果實。這種果

實並不會從植物身上落下。當果實成熟時會自行打開，裡面的種子覆蓋著長長的白毛。這五到八公分長（二到三英寸）的白毛就是對我們非常重要的棉花。我們可以用這種植物製成覆蓋傷口的脫脂棉，也可以用棉花製成襯衫、短衫、內衣、床單、桌布等等。

　　當你早上在穿衣服或襯衫的時候，或是當你在取用茶和糖的時候，你所用的這些種子、莖、葉和果實，都是來自世界另一端的植物。

棉花樹的果實並不會從植物身上落下。當果實成熟時會自行打開，裡面的種子覆蓋著長長的白毛。這五到八公分長（二到三英寸）的白毛就是對我們非常重要的棉花。

Chapter 26

地球的綠色衣裳——
草與穀類

我們可以把樹、花、灌木和草視為地球的綠色衣裳，這綠色衣裳覆蓋著黑色的土壤。但是有些東西不是樹、花或者灌木，這或許是最奇妙的植物，這種植物就是草，一種生長在草地、草坪和原野之上的植物。世界上有大草原的地方包括：

匈牙利平原、美洲大草原、非洲大草原，以及亞洲乾草原。這些草地和草坪上的草，以及原野和平原上的草，就像是覆蓋動物皮膚的毛皮。

如同你曾經在物理課所學到的，太陽的光只會沿著直線前進。想像陽光由上而下來到大地，而大地則以向上直立的草來回應陽光。

其他植物會向上（垂直的）跟橫向（水平的）生長，這些植物的葉子直立或是懸垂，葉子扁平而且寬闊。因此其他植物的力量會朝兩個方向發展，向上的樹幹和莖，以及橫向的枝和葉。而草是一種完全只努力向上生長的植物，就好像是這個植物只想要變成莖而已。草有著莖部和葉子，但葉子並非長在草莖旁的葉柄。草葉生長在草莖上，並如同保護鞘一般捲在莖桿上，只有葉子頂端的最後一部分才脫離了莖桿。

睡蓮是和草完全相反的。睡蓮漂浮在水面上，有著扁平而圓的葉子，這是一種完全沒有垂直力量，想要水平生長的植物。但是草卻像是指向上方的矛，這是一種神奇的矛，因為這種矛可以靠自己的力量直立。

草是一種非常強韌的植物，不會像樹木或大部分的野生植物在冬天停止成長（你可以從樹幹被砍下來的年輪上發現，樹木會在冬天停止成長）。儘管在冬天會長得比較慢，草卻是整年都在成長，這就是為什麼草坪會一直需要除草的原因。想像一下剛割完草的氣味，或是

其他植物的力量會朝兩個方向發展，向上的樹幹和莖，以及橫向的枝和葉。而草是一種完全只努力向上生長的植物，就好像是這個植物只想要變成莖而已。

牧草收割後的氣味，在這奇妙的氣味之中，你可以嗅出草的力量和精神。

其他植物朝垂直和水平兩個方向成長，而草只想要向上成長，整株植物只想成為莖。另外一件關於草的特別之處是，草沒有鮮豔的花朵，不會開花。其他植物至少有小小的花，例如橡樹、樺樹、柳樹的穗狀花，但是草卻連一片花瓣都沒有，只有小而乾的殼。其他植物會開花，草則長出細小的綠色或褐色小殼，內含有羽毛狀的柱頭和細絲狀的雄蕊花，不像其他植物一般有花。

想像一下剛割完草的氣味，或是牧草收割後的氣味，在這奇妙的氣味之中，你可以嗅出草的力量和精神。

許多植物有著多肉的果實，果實內有種子，而草卻只有種子，也就是所謂的穀粒，穀粒外頭沒有多汁的果實。如果沒有多彩的花朵、多汁的果實，植物就像是少了什麼。草像是放棄了其他植物所擁有的東西，並且將其他植物用來長出美麗花朵跟果實的力量，都給了種子，都給入穀粒，這力量就藏於穀粒之內。

草的力量並非展現在花朵上，也不是展現在果實上，而是隱藏且集中保存於小小的穀粒中。這就像是草在說：「我並不想要用美麗的漂亮花朵或是甜美的果實來展現我自己；我將所有的力量都給了我的孩子，給了小小的穀粒，這樣子穀粒就可以像我一樣正直而堅挺。」

草將力量投注於穀粒之中，對於人類而言是非常重要的。數千年以前，在古波斯時期，或是新石器時代，一些有智慧的古人從野草中栽培出不同種類的穀物，如小麥、大麥、燕麥、黑麥。時至今日，沒有人知道這是怎麼辦到的，但是我們用來做麵包的各種穀物，以及其他麵粉的加工品，都是這些有智慧的古人從野草中栽培出的植物。早餐穀片叫做「cereal」，而在植物學裡，「cereal」是指所有能提供穀粉成為食物的作物統稱，是各種不同種類的草。

這些聚集了草所有力量的穀粒將被碾磨成穀粉。每顆穀粒都有長

成一株新植物的力量，這是多麼大的力量啊，因為小麥和大麥並沒有花朵或果實。這就是為什麼麵包是如此的營養。當你在食用麵包時，你吃進的力量足以長出一株新的挺立草類植物。

草像是在說：「我並不想要用美麗的漂亮花朵或是甜美的果實來展現我自己；我將所有的力量都給了我的孩子，給了小小的穀粒，這樣子穀粒就可以像我一樣正直而堅挺。」

在世界不同的角落種著不同的穀物。在亞洲很多人種植稻米，例如中國。稻米也是一種草。在西方，在歐洲人來到美洲栽種小麥之前，美洲土著是吃玉米的。而玉米這種美洲穀類，也是草的一種。比較亞洲和在美洲生長的穀物是非常有趣的：在美洲，玉米有著大大的穗軸和圓滾滾的穀粒；在亞洲則長著細小穀粒的稻米。我們歐洲的穀物，如小麥、大麥等，則介於兩者之間。

你明白在小麥粒之中蘊涵著極大的力量，但是許多在販賣的麵包並非使用全麥。尤其是白麵包，你只能從中得到極少的穀物生長力量。但若你使用全麥麵粉，自己做麵包，你將能品味到大地和太陽賜予穀物的力量。

如果你想想有多少食物含有麵粉，然後再想想我們食用的肉類也是從吃草的動物身上來的。那麼你就會明白，世上所有的植物中，草對我們來說是最重要的。草是站得最直挺的植物，向上生長來迎接陽光。

Chapter 27

食物的供給者——
葉子和花

當你看著一棵植物的時候，也許你喜歡花，也許你會想到這棵植物的用處對人類是多麼地重要。也許你可以感受到橡樹的強度和力量，樺樹修長的優美，或是草的謙遜，草將所有挺立的力量給了種子而非漂亮的花朵。

你必須更仔細地觀察，才能發現作用在植物內部的驚人智慧。某些植物的葉子很長，聚集在莖幹的底部，蒲公英就是這類植物。當地面上長出這麼長的葉子時，在葉子中間的部分，總會有一個凹槽。你會發現這一類有內面凹槽的長葉子植物，總是有著長長的單根系可以深入到地下。

根和葉子是怎麼連結的？當下雨時，葉子上聚集了很多雨，但是植物無法藉由葉子吸收水分，只能經由根部來吸收。葉子的凹槽就如同一種「水溝」，能夠將雨滴導引至根部。甜菜、萊菔子（大菜）、蕪菁等的葉子都是這樣的形狀，能夠導引雨水到根部。這些葉子像是通往根的漏斗。

然而，橡樹的葉子是不一樣的。任何落在葉子上的雨水都會被排到橡樹下方。這對橡樹而言是合適的，因為橡樹的根是從樹幹向四面八方延伸，像是車輪的輪輻一樣。如果落下的雨水全被送入正中央的根部，那麼其他的根部就分不到水了。

因此，葉子和根總是互相配合。當然，橡樹本身並沒有大腦，蕪菁也一樣。

植物們不是自己想出哪一種葉子或根適合自己。這是造物主的智慧展現在大自然中，將適當的葉子給予每一種植物。

接下來有一個重要的問題：為什麼植物要有綠色的葉子呢？要回答這個問題，你只需要記得兩件你所已經學過的事：在冬季時，樹是

有一個重要的問題：為什麼植物要有綠色的葉子呢？要回答這個問題，你只需要記得兩件你所已經學過的事：在冬季時，樹是不生長的，但我們也知道，樹木在冬天是沒有葉子的。因此葉子必定和生長有關聯。

不生長的。但我們也知道，樹木在冬天是沒有葉子的。因此葉子必定和生長有關聯。（如樅樹和冬青這類長青樹，在冬季期間會長一點點的葉子，但在夏季時長得更快。）

植物是因為有葉子才能生長。葉子供應樹食物，樹液將這些食物從葉子攜帶至葉柄、樹幹，以及樹枝中。葉子能夠完成人們和動物們所無法完成的事：從空氣中做出食物。植物藉由這種食物來建構其身體並成長茁壯。假如你在夏天摘下一棵樹的所有葉子，這棵樹不僅僅只是停止生長而已，它會死去。

因此當你看到任何植物的綠葉時，不要以為葉子就只是掛在上面的裝飾而已。這些綠葉其實不斷地在工作。在陽光的幫助之下，葉子從空氣中蒐集食物提供給植物。根也會從土壤中汲取出少量的食物，但分量很少。根負責提供水分給植物，葉子則提供食物。綠葉是植物中的勞動者；葉子的工作使得植物得以生長。

現在我們來談談花。花或花的內在是不用工作的；在花中有著不同的事情發生。花的中央處，有一個很小的綠色瓶子，其中有著許多非常微小的種子。這瓶子的下半部被稱為子房。然而，單獨在子房裡的種子是什麼也長不出來的。

童話故事中的睡美人需要王子才能喚醒。每一顆在子房中的小小種子就像是睡美人，必須等待王子的到來。站立在子房周圍的，是頂端有著黃色粉末球的小梗。這些黃色粉末就是花粉，花粉就是能夠使種子醒來的王子。但是花粉只能從瓶頸處進入子房這個瓶中，如果是玫瑰花，花粉必須來自於另外一株玫瑰，因為同一朵花的花粉和種子在一起是沒有用的。這就是為什麼花需要昆蟲或風來幫忙，將花粉由一株玫瑰帶到另一株玫瑰、一株鬱金香到另一株鬱金香，或是一株紫羅蘭至另一株紫羅蘭。風和昆蟲就是童話王子的馬兒。

也許你可以感受到橡樹的強度和力量，樺樹修長的優美，或是草的謙遜，草將所有挺立的力量給了種子而非漂亮的花朵。

當一株玫瑰的花粉來到另一株玫瑰敞開的小瓶時，花粉將進入子房與種子相遇，種子就醒來了。整個子房開始增大，不久後種子便會長成一株新的玫瑰。

因此，綠葉和花身上所發生的事情並不相同。綠葉為了植物目前的狀態而工作，提供食物給植物身上所有的部位，包括花在內。然而花、花粉和子房的任務，則是為了未來的植物而準備。綠葉們工作並提供食物給當前的植物；花粉和子房則是為了要在明年成長的植物做準備。花並不是為了當下的植物而工作，鮮豔的花瓣也一樣。藉由顏色和花蜜，花引誘蝴蝶和蜜蜂以及其他昆蟲到來，將花粉從一朵花攜帶至另一朵花。

葉子、花瓣、花粉、子房和種子，都是屬於同一株植物。就好像你的手臂和腿做著不同的事，但都是你身體的一部分。

接著我們來談談蜂窩。首先，蜂窩似乎與植物大不相同，你怎麼也不會想到蜂窩會像是一株植物，但蜂窩就是如此，既像是植物又不像是植物。

在蜂窩裡，有工蜂負責帶來食物，將蜂蜜帶至蜂巢裡，但也有一些蜜蜂是什麼事都不做的。女王蜂不工作，她只負責產卵，很小很小的卵。女王蜂就像是子房。還有另一種蜂也不工作，那就是雄蜂。雄蜂就像是花粉。所有的蜜蜂們一起合作，使得蜂窩像是一個生命體，如同一株植物一樣。蜜蜂和植物是好朋友並且會互相合作。蜂窩可以被比擬為一株會飛行的植物，而植物則可以被比擬為不會動的蜜蜂。

花的中央處，有一個很小的綠色瓶子，其中有著許多非常微小的種子。這瓶子的下半部被稱為子房。童話故事中的睡美人需要王子才能喚醒。每一顆在子房中的小小種子就像是睡美人，必須等待王子的到來。花粉就是能夠使種子醒來的王子。

Chapter 28

忙碌的工作者——
蜜蜂

我們可以很明顯地看出，為什麼在蜜蜂與植物之間有著一種吸引力，因為蜂巢就像是一株植物。在一株植物之中，每一片葉子、根、花瓣、莖還有子房，都是整株植物的一部分。假如你從樹上取走了葉子，葉子將會死去。同樣地，一隻蜜蜂是為著整體的蜂巢生活與工作，假如你將蜜蜂從蜂巢中帶走，牠很快就會死去。就像你手上的手指本身什麼也不是；只有成為手的一部分，手指才有用途。葉子的自身是無關緊要的，但是當葉子在樹枝上成為樹的一部分時，葉子就有了生命與目的。一隻單獨的蜜蜂自身也是無關緊要的，牠只是整個蜂巢的一小部分。

然而，有時候花朵必須送出自身的一部分進到世界中，像是種子。種子必須離開，才會有新的植物成長，而類似的事情也發生在蜂巢之中。

在初夏的某一日，從蜂巢裡傳來了奇怪又興奮的嗡嗡聲，這不像是蜜蜂平常發出的輕柔聲音。在這一天，許多的蜜蜂準備好要從蜂巢這個家中遷移出去。蜂巢裡大概有八萬隻蜜蜂，而每天都有新的蜜蜂嬰兒從卵中誕生，所以蜂巢變得太擁擠了。有很多蜜蜂必須搬出去，這興奮的嗡嗡聲表示牠們要搬家了；牠們要分蜂群了。

你會看到一群群蜜蜂繁忙地從蜂巢底部的小開口飛出來。牠們又推又擠，爬在其他蜜蜂身上，在幾秒之內，天上飛了幾千隻的蜜蜂，在陽光中飛舞盤旋。蜂群靠得很緊密，像是乘著風的雲朵，朝著附近的某棵樹飄去。其中有些蜜蜂一定很強壯，因為有愈來愈多的蜜蜂爬在那些先出來的蜜蜂身上，也許有五萬隻蜜蜂，懸掛在樹上就像是一個身體，一整團嗡嗡不停的蜂群。

大部分懸空在樹枝上的是工蜂，也有一些雄蜂，而在這一團嗡嗡

> 假如你將蜜蜂從蜂巢中帶走，牠很快就會死去。將像你手上的手指本身什麼也不是；只有成為手的一部分，手指才有用途。

聲中央的就是女王蜂，當牠們安定下來，所有的落隊者也到達了，嗡嗡聲就會停止下來。整個蜂群變得安靜，一大塊金色蜂群就懸掛在樹枝上。

這時候有一些蜜蜂會飛出去偵察。牠們會為蜂群找尋一個新家。但是養蜂人不希望蜜蜂離開，這樣蜜蜂可能會跑到一些奇特的樹上築巢；養蜂人會用面紗包住自己的頭，將一個大袋子放在懸空的蜂群下面。他會溫柔地搖一搖樹枝，讓數以千計的蜜蜂落到了袋子中。養蜂人會把這個袋子帶去建造好的新蜂巢，在新蜂巢前面把蜜蜂搖出來，這些蜜蜂很快地就會移進養蜂人為牠們準備的新家。蜂后的體型比其他蜜蜂來得大，只要養蜂人看到女王蜂飛進了新蜂巢的小小入口，他就不必再擔心其他的事，因為其他的蜜蜂將會隨之蜂擁而入。

在遷移之前的舊蜂巢，大概會有八萬隻蜜蜂，會有超過一半數量的蜜蜂與女王蜂移動到新的蜂巢裡。現在只有二到四萬隻蜜蜂留在舊的蜂巢中，空出了許多房間給留下來的蜜蜂。女王蜂在分蜂群的時候去了新的蜂巢，舊蜂巢裡的蜜蜂現在沒有了女王蜂。舊蜂巢不能長時間沒有女王蜂，蜜蜂沒有女王蜂是不能生存的。舊蜂巢中的蜜蜂早已做好了準備。大概在分蜂群的兩星期之前，牠們會在存放卵的地方做出了特別的巢室，會有新的、年輕的女王蜂從這些卵當中誕生。所以舊蜂巢有了新的女王蜂，而新蜂巢有舊的女王蜂，兩邊都很圓滿。

蜜蜂團結合作是很奇妙的，牠們可以從蠟中造出精確的六角形，沒有用圓規或尺，也沒有機器，卻不會有任何差錯，十分奇妙。

女王蜂很重要，因為牠會產卵。除了產卵之外，牠不做其他的工作。一隻女王蜂一天大約可以產下一千五百顆卵，所以牠非常忙碌。女王蜂只會在分蜂群的時候出來，其餘的時間都留在蜂巢內產卵。蜜蜂的卵相當小，只有一到二公分（1/2英寸）。蜂窩有著許多六角形的蠟質巢室。工蜂建造出這些巢室，而女王蜂從一個巢室移動到另一個巢室，在每個巢室中產下卵。

　　蜜蜂是從哪裡取得蠟呢？蜜蜂是從花朵的花蜜中取得的。蠟來自於花蜜，所以蜂蜜也含有蠟。但是假如你取來一滴花蜜，你在花蜜裡是找不到蠟的。工蜂從花朵蒐集花蜜，有其他的蜜蜂在蜂巢裡負責取走蒐集回來的花蜜。大部分的花蜜被儲藏在蜂窩的巢室之中，但是有一些花蜜會被蜜蜂吃掉，從蜜蜂身體裡的小腺體分泌出蠟來。所以這與我們吃東西的感覺是不同的；蜜蜂只是將花蜜轉變成為蠟。

　　有些特別的蜜蜂，任務就是將花蜜轉換為蠟。然後其他的蜜蜂會從牠們那邊取走蠟，並塑造成用來儲存花蜜的六角形巢室，這些巢室也可以放置女王蜂產下的小卵。

　　蜜蜂團結合作是很奇妙的，牠們可以從蠟中造出精確的六角形，沒有用圓規或尺，也沒有機器，卻不會有任何差錯，十分奇妙。而且這還只是蜂巢裡眾多奇妙事情的其中之一。

Chapter 29

精確的六角形——
蜂巢

女王蜂在工蜂製造的六角形巢室裡產卵。卵會在巢室中安靜地度過三天，然後卵會打開，有一種完全不像蜜蜂的東西從卵跑出來。牠看起來就像小的白色毛毛蟲，就像毛毛蟲會變成蝴蝶一樣，對於蜜蜂來說，這就是蜜蜂的毛毛蟲，稱之為「幼蟲」。

女王蜂不會去餵食或關心幼蟲，她唯一的任務是產卵。但是有負責照顧幼蟲的工蜂。這些小東西不會自己進食，牠們需要工蜂像保母一樣餵牠們吃東西。

幼蟲在保母餵食六天之後，牠會做跟蝴蝶的毛毛蟲一樣的事，幼蟲變成了蛹。蛹會在蠟製的巢室中度過十二天，像是死掉了一樣。經過十二天後，蛹會裂開，而小蜜蜂就誕生了。所以正確來說，從卵被產下一直到小蜜蜂誕生，需要三個星期，也就是二十一天。

小蜜蜂有三天的時間去習慣蜂巢裡的忙碌生活。在第三天後，小蜜蜂也變成了工蜂。沒有人會告訴小蜜蜂該去做什麼，也沒有告訴牠該怎麼做，或者何時要做。科學家仔細地觀察蜜蜂，並且觀察到老蜜蜂不會停下手邊的工作，不會花任何的時間與小蜜蜂在一起；牠們都忙於自己的工作，可是年幼的蜜蜂卻知道自己該做什麼。蜜蜂沒有學校，牠們卻知道所有需要知道的事情，不需要學習。

一開始，年幼的蜜蜂會去清理空的巢室，巢室裡面不能有污垢與灰塵。蜜蜂是非常愛乾淨的生物，蜂巢內不允許有任何的污垢。

清理灰塵兩天之後，年幼的蜜蜂變成了保母。牠到儲存蜂蜜的巢室中負責餵食小幼蟲。做這個工作十二天之後，年幼的蜜蜂以某種方式知道，牠必須開始另一項任務，而成為了蠟的製造者。

製造蠟一段時間之後，到了年幼蜜蜂第一次離開蜂巢的時候了。最初牠只在蜂巢的外面繞著小圈圈飛，牠的頭會一直朝向蜂巢，好像

> 科學家仔細地觀察蜜蜂，並且觀察到老蜜蜂不會停下手邊的工作，不會花任何的時間與小蜜蜂在一起；牠們都忙於自己的工作，可是年幼的蜜蜂卻知道自己該做什麼。蜜蜂沒有學校，牠們卻知道所有需要知道的事情，不需要學習。

是害怕如果沒有看著家就會迷路一樣。在蜜蜂準備好長程飛行去蒐集花蜜之前，牠需要幾天的時間練習。

蜜蜂沒有袋子或盒子去攜帶黏黏的液狀花蜜。取而代之的是，牠們有另一個特別的胃，一個特別的袋子，跟用來吃東西的胃不同。蜜蜂從花朵裡蒐集的花蜜就進到了這個特別的胃中，直到這個胃裝滿了，蜜蜂才會飛回蜂巢的家，將第二個胃的花蜜清空，而另一隻蜜蜂則把花蜜搬到巢室儲藏。負責蒐集的蜜蜂則再次飛出去找尋更多的花蜜。

假如有隻蜜蜂發現了其他蜜蜂錯過的果園，牠會用一種有趣的方式去告訴牠的蜜蜂同伴，在哪裡有豐富的花蜜寶藏等待著牠們。蜜蜂沒有語言，牠們不會說話（我們聽到的嗡嗡聲是翅膀製造出來的，而嗡嗡聲沒有辦法跟其他蜜蜂溝通）。在發現果園之後，蜜蜂將特殊的胃袋裝滿了花蜜飛回蜂巢，並且開始在蜂窩上跳舞。牠繞著圈圈飛行，然後有特定的弧度，並搖擺著尾端。似乎從這個「舞」之中，其他的蜜蜂就能知道怎麼去那個果園，牠們都非常興奮，並且朝正確的方向出發，朝著果園而去。

工蜂也有其他的責任。有一些工蜂必須在蜂巢的入口站崗。用牠們頭上的觸鬚（觸角）碰觸每一隻進來的蜜蜂，辨認牠是否屬於這個蜂巢。有強盜蜂和黃蜂會試著進入蜂巢偷走蜂蜜，入侵者很快就會被尖銳有毒的針螫死。當蜜蜂在螫的時候，牠們放棄了自己的生命；失去了針而死去。

蜂巢裡面需要新鮮的空氣，就像我們的房間需要新鮮空氣一樣，但是蜂巢沒有窗戶可以打開，只有小小的洞做為入口。因此總是有一些工蜂在入口值班，牠們的翅膀就像扇子一樣拍打，使平穩的新鮮氣流能進入蜂巢中。

蜜蜂沒有袋子或盒子去攜帶黏黏的液狀花蜜。牠們有另一個特別的胃，跟用來吃東西的胃不同。蜜蜂從花朵裡蒐集的花蜜就進到了這個特別的胃中，直到這個胃裝滿了，蜜蜂才會飛回蜂巢的家。

在蜂巢中保持穩定的溫度也很重要。在夏天不能太熱，在冬天不能太冷。蜂巢的溫度就像人體的溫度，總是恆溫的。事實上，蜂巢的溫度幾乎與人體的體溫相同，維持三十七度C。當你將沾濕的手放在空中，你會感到涼涼的，或者當你剛從浴室出來，你會全身發冷，這是因為水氣的蒸發，當水蒸發時就會帶走溫度。

在夏天，當蜂巢愈來愈熱，蜜蜂帶水進入蜂巢並且在蜂窩和內壁上灑水，蜜蜂藉著內部水的蒸發使蜂巢降溫。牠們帶水進蜂巢，讓蜂巢流汗。我們從皮膚上出汗，而蜂巢的內部也會流汗。

在冬天，當天氣愈來愈冷時，蜜蜂在蜂巢的中央擠在一起，與其他蜜蜂緊密地挨在一起。位置靠外的蜜蜂會揮動觸角，扇動翅膀，並且搖擺牠們身體的尾部。就好像我們人類抖動手臂來取得溫暖一樣，蜜蜂的身體透過動作而變得溫暖，也使得蜂巢內的空氣溫暖了起來。

想想蜜蜂的各種工作：清理、照顧幼蟲、製造蠟和巢室、蒐集花蜜、儲存花蜜在巢室中、守衛蜂巢、扇進新鮮的空氣、在熱天裡灑水、在冷天中溫暖空氣。蜜蜂會輪流執行這些工作。每一隻蜜蜂都精確的知道，什麼工作應該在何時完成，從來不會為了誰應該做這件工作而爭吵，也不會不情願或粗心地工作。蜜蜂知道怎麼去做這些事情，這真是非常奇妙。

每一隻蜜蜂都精確的知道，什麼工作應該在何時完成，從來不會為了誰應該做這件工作而爭吵，也不會不情願或粗心地工作。蜜蜂知道怎麼去做這些事情，這真是非常奇妙。

Chapter 30

蜜蜂的精神

雖然我們比蜜蜂更有覺知，但仍可以向蜜蜂學習。我們應該要學習合作，不帶羨慕、嫉妒或貪心地一起工作，就像蜜蜂一樣。

假如你想想在蜂巢中有多少工作要做；假如你想想有四萬隻蜜蜂在蜂巢中，每一隻都知道要做什麼，如何去做，何時去做；然後你再想想這四萬隻蜜蜂，每隻都會輪流做每一種工作，這時你就會了解到，要每隻蜜蜂自己決定應該要做什麼，這是不可能的。這麼多不同的工作都在正確的時間內完成，這只有一種可能，在蜂巢之中有一個幕後操控者。

有一個更高的智慧在引導並控制著所有的蜜蜂，並且確保每一份工作都在正確的時間、正確的地點完成；這個智慧知道哪一隻蜜蜂該去做哪件工作。這樣高層次的智慧並不在蜜蜂當中的一員，因為蜜蜂本身並不是非常聰明。我們只知道這個高層次的智慧掌管著所有的蜜蜂，使每一隻蜜蜂去做自己該做的事。

這與人類並不一樣。我們在早上的晨詩念著：「我們被賦予了心，而使精神有所皈依。」在我們的心魂之中，有精神在導引著我們；精神並不是掌管著我們。而我們每一個人都有自己的精神在引導著，而不是只有一個精神在掌控著我們所有人。這就是為什麼我們比蜜蜂更有覺知：精神住在我們之中與我們合一，而不是在外。雖然我們比蜜蜂更有覺知，但仍可以向蜜蜂學習。我們應該要學習合作，不帶羨慕、嫉妒或貪心地一起工作，就像蜜蜂一樣。

我們知道蜜蜂有三種：女王蜂、雄蜂還有工蜂。女王蜂產下的卵有兩種。一種會孵出雄蜂，而另一種會孵出工蜂或女王蜂。當幼蟲從這種卵中孵出來時，牠們彼此沒有不同，幼蟲由保母蜂餵養，而保母蜂餵給幼蟲的食物有兩種選擇。

一種是富有甜分的乳白色液體，叫做蜂王乳。保母蜂用頭裡的特殊腺體做出蜂王乳。另一種食物則是花粉與蜂蜜的混合物。當蜜蜂從

花朵那邊回來的時候，有時候會有很多的花粉黏在腳上，看起來就像是穿著黃色的褲子。蜂巢中的蜜蜂會把花粉從剛回來的蜜蜂身上取下，把這些花粉混入蜂蜜中，並將混合物儲存在巢室裡。這種混合物就是蜜蜂的食物。

四萬隻蜜蜂輪流做每一種工作，這時你就會了解到，要每隻蜜蜂自己決定應該要做什麼，這是不可能的。這麼多不同的工作都在正確的時間內完成，這只有一種可能，在蜂巢之中有一個幕後操控者。

假如保母蜂要使幼蟲成為女王蜂，牠們只會餵食幼蟲蜂王乳，而不餵其他的東西。經過五、六天後，幼蟲變成一個蛹，將自己關在蛹中。女王蜂便是在這個蛹中誕生。是蜂王乳讓幼蟲轉變成了女王蜂。

這情況一年只會發生一次，只有在分蜂群之前，當蜂巢需要一隻新的女王蜂時，或當老女王蜂將死時才會發生。蜂巢最需要的還是工蜂以及將來會成為工蜂的幼蟲，幼蟲只有在前三天能吃到蜂王乳，之後就只被餵食一般蜜蜂的食物。幼蟲會變成小蛹，當蛹打開時，工蜂就誕生了。

蜂巢也需要雄蜂，因為女王蜂沒有雄蜂不能產卵。要產生雄蜂，保母蜂幾乎只給幼蟲食用一般蜜蜂的食物；比起其他蜜蜂，牠們吃到的蜂王乳最少。當只吃一般食物的幼蟲蛹打開後，圓胖的雄蜂就出現了。雄蜂沒有針也不用工作。如果你還記得的話，雄蜂就像是植物的花粉，所以只吃花粉和蜂蜜混合物長大的幼蟲會變成雄蜂，這也在意料之中。

讓我們回顧當種子碰到花粉時，花朵會發生什麼事？種子在「授粉」之後，花瓣會凋謝；那帶著花粉的雄蕊也會凋謝；只有子房會繼續生長成為含有種子的果實。一顆蘋果也就是長得非常大的子房。子房會持續成長，花瓣和雄蕊會掉落並死亡。雄蜂就像是雄蕊和花粉，因此牠們也會死。

在植物中，花瓣和雄蕊會凋謝是因為綠葉不會再送來任何的食物，而同樣的事情也發生在蜂巢中。在秋天，當冬天接近時，領導著

所有蜜蜂的偉大智慧會告訴工蜂不要再餵雄蜂任何東西。工蜂已經餵食雄蜂好幾個月了，這時會停止餵食，而雄蜂會在冬天來臨前死去。雄蜂無法自行取得食物，牠們無法蒐集花蜜，也無法從蜂巢的巢室中取得花蜜。

對於蜂巢來說，雄蜂的死是必要的，因為儲藏在巢室裡的蜂蜜不夠讓所有的工蜂、幼蟲和雄蜂度過冬天。所以雄蜂必須死亡，對於蜂巢來說這是好事。

蜂蜜是蜜蜂為了過冬而儲藏的，冬天的時候戶外找不到花蜜。假如養蜂人取走了所有的蜂蜜，而不做任何事情，所有的蜜蜂都會挨餓死去。但蜜蜂會做出的蜂蜜比實際使用的還多，所以養蜂人可以取走額外的蜂蜜而不會對蜜蜂造成傷害。有時候養蜂人會取走所有的蜂蜜，但是他會放一些糖水到蜂巢內，糖水雖然不像蜂蜜那麼營養，但蜜蜂們可以靠糖水維生直到春天來臨，再次從花朵取得花蜜。

古希臘人非常尊敬地看待蜜蜂。他們觀察蜜蜂飛離蜂巢，從花朵中蒐集花蜜，帶著甜蜜的珍寶回到蜂巢。古希臘人說：「蜂巢是蜜蜂的家，所以天堂之國是人類心魂真正的家。」我們從天堂之國而來，並在死的時候回去。但是我們不會空手回到天堂。我們會帶著生活中學到的所有經驗回去。我們將生命的教導帶了回去，就像蜜蜂帶花蜜回去蜂巢一樣。而且蜜蜂會再次飛出去找尋新的花蜜，我們的心魂也會為了新的經驗、為了學習更多而再次來到地球。這就是為什麼古希臘人說：「心魂就像蜜蜂。」

在古希臘的某些地方，有一些希臘人特別敬畏與尊敬的神廟。在這些神廟中沒有男祭司，只有女祭司。這些神聖的少女被稱為 Melitta，意思就是蜜蜂。這代表著人類的心魂將帶著滿滿的智慧與知識回到天堂，就像蜜蜂帶著滿滿的花蜜回到蜂巢中一樣。

假如養蜂人取走了所有的蜂蜜，所有的蜜蜂都會挨餓死去。但蜜蜂會做出的量比實際使用的還多，所以養蜂人可以取走額外的蜂蜜而不會對蜜蜂造成傷害。

作者簡介

查爾斯·科瓦奇出生於奧地利，在1938年德國部隊進入奧地利實施併吞（Anschluss)時離開祖國　，在東非加入英國陸軍。戰爭結束後，他在英國定居，在1956年時在愛丁堡魯道夫斯坦納學校代課，直到1976年才退休，於2001年去世。由他執筆的豐富教材廣受很多教師的喜愛。他出版過數本華德福教材，還有《動物》一書。

植物 BOTANY

華德福全人教育系列 02（書號：W002）

作　者：查爾斯・科瓦奇（Charles Kovacs）

譯　者：新竹人智學會

審　定：慈心華德福教師團隊

出版者：小樹文化

地　址：台北市信義區崇德街 38 巷 20 號

　　　　TEL：(02) 2733-0288　FAX：(02)2738-1110

　　　　E-mail：service.ww@gmail.com

　　　　PCHOME：http://www.pcstore.com.tw/littletrees/

Publishing Date：2013/07

總 經 銷：楨德圖書事業有限公司

地　址：新北市新店區復興路 45 號 9 樓

TEL：(02) 2219-2839

定價 250 元

國家圖書館出版品預行編目 (CIP) 資料

植物 / 查爾斯・科瓦奇（Charles Kovacs）作；新竹人智學會譯.
-- 新北市：小樹文化；2013.07
　　面；　公分 . -- （華德福全人教育系列；2）
　譯目：Botany

　ISBN 978-986-5837-01-3（精裝）

　1. 植物　2. 通俗作品

370　　　　　　　　　　　102003139